面向 21 世纪课程教材

普通高等教育"十三五"力学规划系列教材

疲劳与断裂（第二版）

编 著 杨新华 陈传尧

华中科技大学出版社

中国·武汉

内 容 简 介

　　本书是"疲劳与断裂"国家精品课程和国家精品资源共享课的配套教材。全书共九章,主要内容包括:疲劳载荷的刻画和表征,疲劳裂纹的萌生和扩展机理,高周疲劳、低周疲劳和疲劳裂纹扩展寿命预测方法,线弹性断裂力学、弹塑性断裂力学的基本理论和方法等。每章后面附有一定量的思考题与习题,便于读者强化或检验学习效果。

　　本书可作为力学、机械、材料、土木、能源、航空航天等专业本科学生的教材,也可供相关专业研究生、教师、研究和工程技术人员参考。

图书在版编目(CIP)数据

疲劳与断裂/杨新华,陈传尧编著. —2 版. —武汉:华中科技大学出版社,2018.8(2024.5 重印)
普通高等教育"十三五"力学规划系列教材
ISBN 978-7-5680-4367-0

Ⅰ.①疲…　Ⅱ.①杨…　②陈…　Ⅲ.①疲劳断裂-高等学校-教材　Ⅳ.①O346.1

中国版本图书馆 CIP 数据核字(2018)第 175589 号

疲劳与断裂(第二版)　　　　　　　　　　　　　　　　杨新华　　陈传尧　编著
Pilao yu Duanlie(Di-er Ban)

策划编辑:张少奇
责任编辑:程　青
封面设计:刘　婷
责任监印:朱　玢
出版发行:华中科技大学出版社(中国·武汉)　　电话:(027)81321913
　　　　　武汉市东湖新技术开发区华工科技园　　邮编:430223
录　　排:华中科技大学惠友文印中心
印　　刷:武汉市籍缘印刷厂
开　　本:787mm×960mm　1/16
印　　张:12.75
字　　数:266 千字
版　　次:2024 年 5 月第 2 版第 5 次印刷
定　　价:39.80 元

第二版前言

疲劳与断裂是工程中最常见、最重要的失效模式。20 世纪 80 年代初,美国众议院科技委员会委托国家标准局进行过一次关于断裂造成的损失的大型综合调查。根据调查结果,断裂使美国一年损失 1190 亿美元,约占 1982 年国内生产总值的 4%。调查报告指出,向工程技术人员普及关于断裂的基本概念和知识可以使损失减少 29%;如果在工程中应用已有的研究成果,还可以使损失再减少 24%。可见,普及疲劳与断裂方面的知识,推动已有研究成果的应用,是非常重要的。这在很大程度上有赖于教学。

华中科技大学从 1983 年起在工程力学专业本科生中开设"疲劳与断裂"课程,是国内最早开设该课程的学校之一。1985 年,陈传尧教授为该课程编写了《疲劳断裂讲义》。在经过多轮教学的使用和修改之后,1991 年,该讲义改编为教材《疲劳断裂基础》,由华中理工大学出版社出版。进入 21 世纪以后,教材在知识体系方面获得了进一步的完善和更新。2002 年,经过新一轮改编的教材《疲劳与断裂》(以下简称 02 版教材),被遴选为"教育部面向 21 世纪课程教材",并在合校后的华中科技大学出版社出版。该教材一经诞生,就受到了其他院校的广泛欢迎。截至 2016 年底,该教材已重印 9 次,总印数近万本,成为疲劳和断裂类课程使用最多的教材之一。2006 年,该教材获得华中科技大学优秀教材特等奖。

在陈传尧教授打造的良好课程基础上,近年来,华中科技大学"疲劳与断裂"课程组以现代教育思想为指导,遵循力学学科和教育学的内在发展规律,注重学生综合素质和创新能力的培养,充分运用现代教育技术和网络平台,努力建设一流的网络教学资源。2007 年和 2013 年,先后建成"疲劳与断裂"国家精品课程和国家精品资源共享课。

02 版教材使用至今已有 16 年。在这期间,科学研究和技术创新获得了飞速发展,一些相关国家标准也已作废或更新。为了适应这些发展,许多教学内容需要进行调整和补充。另外,传统上,"断裂力学"是"疲劳与断裂"的先修课程。但是,近年来,随着本科课时总数的压缩,一些学校不再开设"断裂力学"课程,因此需要在"疲劳与断裂"教材中补充"断裂力学"的主要内容。本书就是为适应上述要求而在 02 版教材基础上改编而成的。

本书主要内容包括:疲劳载荷的刻画和表征,疲劳裂纹的萌生和扩展机理,高周疲劳、低周疲劳和疲劳裂纹扩展寿命预测方法,线弹性断裂力学、弹塑性断裂力学的基本理论和方法等。全书共九章,除第 1 章绪论以外,可以分为三个部分。第 2 至第 4 章是第一部分,主要讨论不同载荷水平下裂纹萌生寿命的预测。第 5 至第 7 章是第二部分,介绍线弹性断裂力学和弹塑性断裂力学的基本理论,以及在工程中常见的表面裂纹问题的应力强度因子计算。第 8 章和第 9 章为第三部分,讨论疲劳裂纹扩展寿命的预测。每章后面附有一定量的思考题与习题,便于读者强化或检验学习效果。书末附有国内外相关的试验标准,供使用时查阅参考。

　　本书可作为力学、机械、材料、土木、能源、航空航天等专业本科学生的教材。如果没有"断裂力学"作为先修课程,那么建议56学时,其中8学时实验。如果有先修课程,则第5至第7章可以略讲,建议40学时,其中4学时实验。本书也可供相关专业研究生、教师、研究和工程技术人员参考。

　　在本书改编和出版过程中,华中科技大学教务处和土木与水利工程学院提供了经费支持,硕士研究生李杰、冯炎和胡健参与了书稿校对和部分绘图工作,在此一并致以诚挚的谢意。最后,还要感谢华中科技大学出版社张少奇编辑和程青编辑以及所有为本书提供支持和付出辛勤劳动的同志。

作　者

2018 年 1 月

第一版前言

1996年1月,国家教育委员会"面向21世纪高等工程教育教学内容和课程体系改革计划"所属之"工科本科力学系列课程教学内容和课程体系改革的研究与实践"项目组,在北京召开了立项与开题研讨会。会议指出本项目组主要研究内容和目标是:更新课程内容,重组课程结构,设计新型模块系列,实现课程优化配置;提高起点,减少重复,使相关课程融合贯通,形成力学总体概念;加强学生综合能力(包括课程之间,学科之间,理论、实验、计算与工程应用之间的综合能力)的培养和训练。

原华中理工大学力学系作为项目主持单位之一,于1996年初提出了一个分层次、小型、模块化工科本科力学系列课程设置方案。课程设置框架如下图所示。

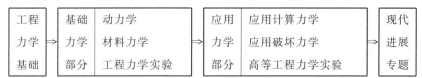

在应用力学部分,我们将注意力集中在应用计算力学的现代成果,增强学生处理实际工程问题的能力;应用破坏理论的成果,增强学生对于不同失效模式下的设计控制能力;应用近、现代实验技术的进步,增强学生通过实验探索未知问题的能力三个方面。

2000年,我们又承担了教育部"世行代款21世纪初高等教育教学改革项目"——"理工科力学专业创新能力培养和系列课程综合改革的研究与实践"。对于本科力学专业系列课程的设置,提出了精炼理论分析类课群、加强计算类课群、开放实验类课群、探索贴近工程与学科交叉类课群的指导思想。

疲劳与断裂是工程中最常见的、最重要的失效模式。20世纪后半期,断裂力学的迅速发展,不仅促进了断裂控制方法的进步,更使人们较深入地认识了材料与结构中疲劳裂纹的扩展规律,促进了抗疲劳、抗断裂设计技术的发展。在各工程领域应用疲劳与断裂的研究成果,发展工程适用的抗疲劳、抗断裂实用设计技术,将是21世纪设计水平提高的重要标志之一。

20世纪80年代初,美国众议院科技委员会委托国家标准局进行了一次关于断裂造成的损失的大型综合调查,根据调查结果,断裂使美国一年损失1190亿美元,约占1982年国家生产总值的4%。调查报告同时还指出,向工程技术人员普及关于断裂的基本概念和知识,可减少损失29%;若应用现有成果,可再减少损失24%。因此,向工程技术人员普及关于疲劳和断裂的基本概念,是十分必要的。

鉴于此,为了适应21世纪技术进步的需求,使力学与非力学专业的工科本科学生(未来的工程师、设计师)具有对疲劳与断裂破坏这类工程中最常见失效模式的发生与发展机理、规律、设计控制方法等的基本认识,我们编写了这本教材。

这本《疲劳与断裂》教材,包括疲劳裂纹萌生机理与规律;应力疲劳与应变疲劳;断裂与断裂控制;疲劳裂纹扩展规律;现代抗疲劳设计方法等。希望能够突出疲劳裂纹萌生、扩展直至断裂的发生与发展机理、规律;突出抗疲劳、抗断裂设计技术的基本原理、基本方法及其应用;有助于工科学生在将来的工程实践中自觉地增强对于抗疲劳与抗断裂设计的考虑。

断裂是由于裂纹的存在而引发的。而引发断裂的裂纹,绝大多数都是在疲劳载荷作用下发生或发展而成的。因此,将疲劳与断裂放在一起讨论,有利于增强对于材料/结构中裂纹发生、发展直至引起断裂失效的全过程的认识,有利于综合控制设计,还有利于减少重复、减少学时。

本教材可以作为力学、机械、材料、土木、能源、交通等专业本科学生的课程教材,学时为 32～40 学时;也可供研究生选用或供工程技术人员参考。

衷心感谢为本教材的编写、试用、出版提供支持和方便的所有同志们。

陈传尧

2001 年 4 月于华中大喻园

目　　录

第1章 绪 论

　　疲劳(fatigue)与断裂(fracture)是引起工程结构和构件失效的最主要的原因。时至今日,人们对传统强度(即无缺陷材料在静载荷作用下的强度)的认识已经相当深刻,工程中强度设计的实践经验和积累也十分丰富,对于传统强度的控制能力也大大增强。因此,由疲劳与断裂引起的失效在工程失效中所占的比重越来越突出。

　　19世纪中叶以来,人们为认识和控制疲劳破坏进行了不懈的努力,在疲劳现象的观察、疲劳机理的认识、疲劳规律的研究、疲劳寿命的预测和抗疲劳设计技术的发展等方面积累了丰富的知识。20世纪50年代,断裂力学的快速兴起和发展,进一步促进了疲劳裂纹扩展规律及断裂失效控制理论和方法的研究。疲劳断裂失效涉及循环或扰动载荷的多次作用、材料缺陷的形成与扩展以及使用环境的影响等许多方面,问题的复杂性是显而易见的。因此,对许多疲劳断裂问题的深入认识和根本解决,还有待于开展进一步的研究工作。尽管如此,学习和了解现有研究成果,掌握疲劳与断裂的基本概念、规律和方法,对于成功开展工程结构系统抗疲劳断裂设计来说,无疑是十分有益的。

1.1　疲劳断裂研究的发展历程

　　疲劳问题的研究起源于19世纪上半叶欧洲工业革命的萌芽时期。1829年,德国采矿工程师Albert对矿山卷扬机焊接铁链的重复载荷试验,是已知的有关疲劳问题最早的研究。在这项试验中,铁链支承在一个直径为3.6 m的圆盘上,曲柄连接器带动一个扇形块使圆盘来回摆动,从而使链节受到每分钟10次、总计高达10^5次的反复弯曲作用。1842年,法国凡尔赛附近发生了一起铁路事故,事故的原因是机车前轴的疲劳破坏,这大大吸引了人们对金属疲劳问题的研究兴趣。1843年,英国铁路工程师Rankie通过分析发现,机车部件中的应力集中是非常危险的。1849年,英国人Hodgkinson针对铁路桥梁采用的锻铁和铸铁材料,借助旋转凸轮开展了梁的反复弯曲试验。1854年,Braithwaite在其关于金属疲劳断裂的著述中,首次采用"Fatigue(疲劳)"这个术语描述金属在载荷的反复作用下发生的开裂现象和行为。

　　在1852—1869年间,德国工程师Wöhler对钢制列车车轴的疲劳破坏开展了长期而且非常系统的试验研究,发现钢质车轴在循环载荷作用下的强度远低于静载强度,并首次提出采用应力幅-寿命曲线(即S-N曲线)描述疲劳行为的方法以及"疲劳极限"的概念。1874年,德国工程师Gerber提出了考虑平均应力影响的疲劳寿命计算方法。1899年,Goodman进一步提出了考虑平均应力影响的简化理论。他们的工作奠定了对称和非对称恒幅疲劳问题寿命预测的理论基础。

　　在 20 世纪前半叶，随着实验观察技术手段和研究水平的提高，有关疲劳破坏问题机理和规律的研究与认识进入一个高峰。Ewing 等人在 1900—1903 年期间针对瑞典铁的疲劳问题开展了研究，获得了试样表面循环损伤的大量光学照片，发现在多晶材料的许多晶粒内部出现了滑移带，这些滑移带在疲劳过程中逐步变宽，并形成裂纹。1910 年，Basquin 发现应力幅-寿命（即疲劳循环数）的双对数图在很大的应力范围内都表现为线性关系。同一年，Bairstow 研究了金属的循环硬化和软化问题，通过多级循环试验给出了形变滞后与疲劳破坏的关系。通过总结过去的研究成果，英国人 Gough、美国人 Moore 和 Kommers 先后于 1926 年和 1927 年出版了书名同为《金属的疲劳》的著作。此后，Palmgren（1924）和 Miner（1945）先后提出了疲劳破坏的线性损伤累积理论；Langer（1937）研究了变幅循环载荷下的疲劳问题；Weibull（1939）提出了材料强度的统计理论；Neuber（1946）研究了单向形变和循环形变的缺口效应。1954 年，Coffin 和 Manson 研究了由温度变化和高应力幅循环载荷引起的疲劳问题，分别独立地提出了塑性应变损伤理论，给出了材料发生疲劳破坏时载荷反向次数同塑性应变幅之间的经验关系，称为Coffin-Manson 关系，从而为低周应变疲劳分析和寿命预测奠定了基础。

　　从 20 世纪初开始快速发展起来的断裂力学，为研究疲劳裂纹扩展提供了理论基础。1913 年，Inglis 发表了无限大板中含有一个穿透板厚的椭圆孔的弹性力学解析解。数年后，即 1920 年，Griffith 在研究脆性材料的断裂时，针对理想化的 Griffith 裂纹（即割缝），根据 Inglis 解给出了由裂纹引起的应变能变化值，并由此提出了著名的 Griffith 判据。1948 年，Irwin 提出了对 Griffith 理论的修正，并引进能量释放率作为裂纹起裂临界状态的判据，这标志着线弹性断裂力学理论的诞生。由于能量释放率计算起来不太方便，在 Irwin 提出能量释放率判据后的最初 10 年，断裂力学的研究一直没有取得显著进展。1957 年，考虑到裂纹尖端应力的奇异性，Irwin 提出了一个新的物理量——应力强度因子（stress intensity factor）。由于应力强度因子是一个仅与裂纹尖端局部相关联的量，它的确定相对于能量释放率要容易一些。Irwin 还根据当时已经知道的若干裂纹问题的精确解，导出了相应的应力强度因子。至此，线弹性断裂力学理论已经建立起来。基于断裂力学的研究成果，Paris 等人在 1961 年研究了恒幅循环加载下的疲劳裂纹扩展问题，指出疲劳裂纹在每次应力循环中的扩展量（即疲劳裂纹扩展速率（fatigue crack growth rate））与应力强度因子范围（stress intensity factor range）有关。1963 年，Paris 提出了著名的疲劳裂纹扩展速率公式，即 Paris 公式，从而将线弹性断裂力学与疲劳两门学科融合起来。1971 年，在平面应力试件的拉拉疲劳裂纹扩展试验中，Elber 首次观察到裂纹的闭合现象，并且发现即便在循环拉伸载荷的作用下，疲劳裂纹也能够保持闭合状态。这表明，控制疲劳裂纹扩展速率的更本质的参量是有效应力强度因子范围。

　　在工程师和科学家们的不懈努力的推动下，疲劳已经逐步发展成内容丰富、自成体系，并与断裂力学有机结合的一门学科。

1.2 什么是疲劳

1.2.1 疲劳的基本概念

什么是疲劳？

美国试验与材料协会（American Society for Testing and Materials）在《疲劳试验及数据统计分析之有关术语的标准定义》（ASTM E206-72）中给出了如下的定义："在材料的某点或某些点承受扰动应力，且在足够多的循环扰动作用之后形成裂纹或完全断裂，由此所发生的局部永久结构变化的发展过程称为疲劳。"

上述定义清楚地指出，疲劳问题具有下述特点。

（1）只有在承受扰动应力（fluctuating stress）作用的条件下，疲劳才会发生。

所谓扰动应力，是指随时间变化的应力，用"σ"或"S"表示。除了应力以外，疲劳载荷还可以用力、位移、应变等给出，因此可以更一般地称之为扰动载荷（fluctuating load）或循环载荷（cyclic load）。载荷随使用时间的变化可以是有规则的，也可以是无规则的，甚至是随机的，如图 1.1 所示。例如，当弯矩不变时，旋转弯曲轴中某点的应力就是恒幅循环（或等幅循环）应力；起重行车吊钩分批吊起不同的重物，承受变幅循环的应力；而车辆在不平的道路上行驶，弹簧等零、构件承受的载荷是随机的。

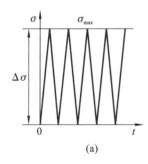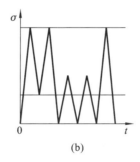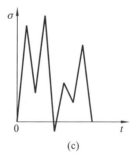

图 1.1　疲劳载荷的基本形式

（a）恒幅循环；（b）变幅循环；（c）随机载荷

（2）疲劳破坏起源于高应力或高应变的局部。

静载下的破坏，取决于结构整体。疲劳破坏则由应力或应变较高的局部开始，形成损伤并逐渐累积，导致破坏发生。可见，局部性是疲劳的显著特点。零、构件的应力集中处，常常是疲劳破坏的起源。疲劳研究所关心的正是这些引起应力集中的局部细节，包括几何形状突变、材料缺陷等。因此，要研究细节处的应力应变，注意细节设计，尽可能减小应力集中。

（3）疲劳破坏是要在足够多次的扰动载荷作用之后形成裂纹或完全断裂。

在经历足够多次的扰动载荷作用之后，裂纹首先从材料内部高应力或高应变的局部开始形成，称为裂纹起始（或裂纹萌生（initiation））。此后，在扰动载荷的继续作用下，裂纹进一步扩展（propagation），直至达到临界尺寸而发生完全断裂。裂纹从萌生，扩展，到断裂的三个阶段，是疲劳破坏的又一特点。研究疲劳裂纹萌生和扩展的机理及规律，是疲劳研究的主要任务。

（4）疲劳是一个发展过程。

由于扰动载荷的作用，零、构件或结构从一开始使用，就进入了疲劳的发展过程。裂纹的萌生和扩展，就是在这一发展过程中不断形成的损伤累积的结果，最后的断裂，标志着疲劳过程的终结。这一发展过程所经历的时间或扰动载荷作用的次数，称为寿命。采用载荷作用次数表达的寿命通常用符号"N"表示。寿命不仅取决于载荷水平，还取决于载荷频率，更取决于材料抵抗疲劳破坏的能力。疲劳研究的目的就是要预测寿命，因此要研究寿命预测的方法。

材料发生疲劳破坏，往往需要经历裂纹起始或萌生、裂纹稳定扩展和裂纹失稳扩展（即断裂）三个阶段。疲劳总寿命也相应地由三部分组成。因为裂纹在失稳扩展阶段扩展的速度非常快，裂纹失稳扩展阶段的寿命在总寿命中的占比很小，在估算寿命时通常可以不予考虑，所以一般可将总寿命 N_t 分为裂纹萌生寿命 N_i 与裂纹扩展寿命 N_p 两个部分，即

$$N_t = N_i + N_p \tag{1-1}$$

裂纹萌生寿命是指消耗在小裂纹形成和早期扩展上的那部分寿命，而裂纹扩展寿命则是指总寿命中裂纹从扩展到破坏的那一部分。确定裂纹萌生和扩展两个阶段的界限往往比较困难。一般来说，这个界限与构件材料、尺寸和裂纹检测设备的水平有关。裂纹萌生寿命一般根据应力-寿命关系或应变-寿命关系进行预测，而裂纹扩展寿命则必须采用断裂力学理论进行研究。

完整的疲劳分析，既要研究裂纹的起始或萌生，也要研究裂纹的扩展。但在某些情况下，可能只需要考虑裂纹萌生寿命或裂纹扩展寿命其中之一，并由此给出寿命估计。例如，高强度脆性材料断裂韧性低，一旦出现裂纹就会引起破坏，裂纹扩展寿命很短。因此，对于由高强度脆性材料制造的零、构件，通常只需考虑裂纹萌生寿命，即 $N_t = N_i$。而与此相对的是，一些焊接、铸造的构件或结构，因为在制造过程中已不可避免地引入了裂纹或类裂纹缺陷，其裂纹起始寿命已经结束，因此只需考虑其裂纹扩展寿命，即 $N_t = N_p$。

1.2.2　扰动载荷的描述

扰动载荷随时间变化的关系一般采用图或表的形式描述，称为载荷谱（load spectrum）。由应力给出的载荷谱称为应力谱，类似地，还有应变谱、位移谱、加速度谱等等。显然，研究材料疲劳问题，首先要研究载荷谱的描述与简化。

最简单的扰动载荷是恒幅应力循环载荷,如图 1.2 所示。描述它的应力水平至少需要两个参量。一般来说,最大应力(maximum stress)σ_{max} 和最小应力(minimum stress)σ_{min} 是描述恒幅应力循环载荷的两个基本参量。

除此以外,在疲劳问题的研究和分析中,还常常会用到下述几个参量。这些参量可以通过最大应力和最小应力导出。

应力范围(stress range)是最大应力和最小应力的差,即

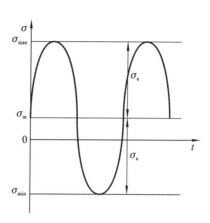

图 1.2 恒幅应力循环载荷

$$\Delta\sigma = \sigma_{max} - \sigma_{min} \tag{1-2}$$

应力幅(stress amplitude)是最大应力和最小应力差的一半,即

$$\sigma_a = \frac{1}{2}\Delta\sigma = \frac{1}{2}(\sigma_{max} - \sigma_{min}) \tag{1-3}$$

平均应力(mean stress)是最大应力和最小应力和的平均值,即

$$\sigma_m = \frac{1}{2}(\sigma_{max} + \sigma_{min}) \tag{1-4}$$

应力比(stress ratio)是最小应力和最大应力之比,即

$$R = \frac{\sigma_{min}}{\sigma_{max}} \tag{1-5}$$

应力比可以反映载荷的循环特征。当 $\sigma_{min} = -\sigma_{max}$ 时,$R = -1$,表明载荷是对称循环;当 $\sigma_{min} = 0$ 时,$R = 0$,表明载荷是脉冲循环;而当 $\sigma_{min} = \sigma_{max}$ 时,$R = 1$,$\sigma_a = 0$,表明载荷是静载荷或恒定载荷,如图 1.3 所示。

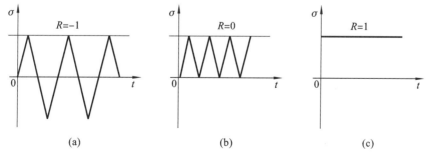

图 1.3 不同应力比下的应力循环

(a)对称循环;(b)脉冲循环;(c)静载荷

此外，还有频率和波形的不同。图 1.4 给出的是几种不同波形的应力循环。

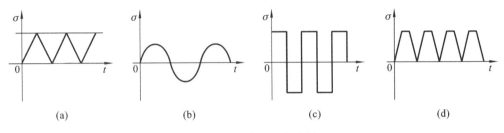

(a)　　　　　　　(b)　　　　　　　(c)　　　　　　　(d)

图 1.4　不同波形的应力循环

(a)三角波；(b)正弦波；(c)矩形波；(d)梯形波

和扰动应力水平相比，扰动载荷的频率和波形对疲劳的影响尽管是次要的因素，有时候也需要引起足够的重视。例如，在腐蚀环境下，频率对疲劳的影响往往会被显著放大。

1.3 结构的抗疲劳设计方法

1.3.1 无限寿命设计(infinite-life design)

人们第一次认识到的疲劳破坏，是 19 世纪 40 年代的铁路车辆轮轴在重复交变载荷作用下发生的破坏。德国工程师 Wöhler 在开展一系列的试验研究后指出：对于疲劳，应力幅比构件承受的最大应力更重要。应力幅越大，疲劳寿命越短；当应力幅小于某一极限值时，疲劳破坏将不会发生。他还最先引入了应力-寿命（或 S-N）曲线和疲劳极限(fatigue limit)的概念，并于 1867 年在巴黎展出了他的研究成果。

根据他的研究成果，对于受循环载荷作用的无裂纹构件，控制循环应力幅 σ_a，使其小于材料的疲劳极限 σ_f，则疲劳裂纹就不会萌生，从而可以实现无限寿命的设计目的。因此，无限寿命的设计条件为

$$\sigma_a < \sigma_f \tag{1-6}$$

对于发动机气缸阀门、顶杆、弹簧，以及长期频繁运行的轮轴等零、构件，消耗材料不多而又需要经历无限次载荷循环（$>10^7$ 次），无限寿命设计至今仍是一种简单而合理的方法。

20 世纪 60 年代有关疲劳裂纹扩展的研究成果表明，裂纹扩展的控制参量——应力强度因子范围存在一个门槛值(threshold value)。对于受循环载荷作用的含裂纹构件，控制其应力强度因子范围 ΔK，使其小于门槛值 ΔK_{th}，则裂纹永远不会扩展，从而也可以达到无限寿命的设计目的。在这种情况下，无限寿命的设计条件为

$$\Delta K < \Delta K_{th} \tag{1-7}$$

1.3.2　安全寿命设计(safe-life design)

无限寿命设计要求将构件中的工作应力控制在很低的水平,因此材料的潜力很难得到充分发挥。对于并不需要经受很多次载荷循环的构件来说,无限寿命设计很不经济。有必要根据应力-寿命曲线,如 Basquin 公式,获得与目标寿命 N 对应的疲劳强度(fatigue strength) σ_N ,然后通过控制循环应力幅 σ_a ,使其满足

$$\sigma_a < \sigma_N \tag{1-8}$$

以确保构件在有限长的目标寿命期内不发生疲劳破坏。这样的设计称为安全寿命设计或有限寿命设计。

借助 Palmgren 和 Miner 的线性损伤累积理论(linear fatigue damage cumulative rule),还可以开展在变幅载荷和随机载荷作用下构件的安全寿命设计。

考虑到疲劳破坏的不确定因素很多,安全寿命设计应当具有足够的安全储备。民用飞机、容器、管道、汽车等,大都采用安全寿命设计。

1.3.3　损伤容限设计(damage tolerance design)

由于材料在生产和加工过程中不可避免地会引入缺陷,安全寿命设计通常并不能完全确保安全。1957 年,针对含裂纹体,Irwin 提出了作为裂纹尖端场控制参量的应力强度因子,为线弹性断裂力学和疲劳裂纹扩展规律的研究奠定了基础。1963 年,Paris 提出疲劳裂纹扩展速率可以由应力强度因子范围描述,为疲劳裂纹扩展寿命预测提供了方法。

损伤容限设计,是为保证含裂纹或可能含裂纹的重要构件的安全,从 20 世纪 70 年代开始发展并逐步应用的一种现代疲劳断裂控制方法。这种方法的设计思路是:假定构件中存在着裂纹(依据无损探伤能力、使用经验等假定其初始尺寸),利用断裂力学分析、疲劳裂纹扩展分析和试验等手段进行验证,证明在定期检查肯定能发现之前,裂纹不会扩展到足以引起破坏。

断裂判据和疲劳裂纹扩展速率方程是损伤容限设计的基础。

损伤容限设计希望在裂纹到达临界尺寸前检出裂纹。因此,要选用韧性较好、裂纹扩展缓慢的材料,以保证有足够大的临界裂纹尺寸和充分的时间,安排检查并及时发现裂纹。

1.3.4　耐久性设计 (durability design)

从 20 世纪 80 年代起,以经济寿命控制为目标的耐久性设计概念形成。

结构使用到某一寿命时,产生了不能经济修理的广布损伤,而不修理又可能引起结构的功能问题,这一寿命就称为经济寿命(economic life)。

耐久性是构件和结构在规定的使用条件下抗疲劳断裂性能的一种定量度量。这种方

法首先要定义疲劳破坏严重细节(如孔、槽、圆弧、台阶等)处的初始疲劳质量,描绘与材料、设计、制造质量相关的初始疲劳损伤状态,再用疲劳或疲劳裂纹扩展分析预测在不同使用时刻损伤状态的变化,确定其经济寿命,制定使用、维修方案。

耐久性设计由原来不考虑裂纹或仅考虑少数最严重的单个裂纹,发展到考虑全部可能出现的裂纹群;由仅考虑材料的疲劳抗力,发展到考虑细节设计及其制造质量对疲劳抗力的影响;由仅考虑安全,发展到综合考虑安全、功能及使用经济性;提供指导设计、制造、使用、维护的综合信息。耐久性设计已经应用于一些飞机结构及其他重要工程构件中,是21世纪疲劳断裂控制研究的一个主要发展方向。

上述各种疲劳设计方法,反映了疲劳断裂研究的发展与进步。但是,由于疲劳问题复杂,影响因素多,使用条件和环境差别大,各种方法不是相互取代,而是相互补充的。不同构件,不同情况,应当采用不同方法。

正因为疲劳问题涉及因素多,情况复杂,重要构件的抗疲劳设计必须进行充分的试验验证。若仅依据分析,则必须保证足够的安全裕度(其设计使用寿命往往仅为计算寿命的四到十分之一)。采用损伤容限设计时,在安排检修时必须保证足够高的裂纹检出概率。

1.4 疲劳断口特征

1.4.1 宏观特征

图 1.5 飞机轮毂疲劳破坏断口

疲劳破坏的断口大多有一些共同的特征。图 1.5 是某飞机机轮铸造镁合金轮毂的疲劳断口照片。这是一个典型的疲劳破坏断口,有如下明显特征。

(1) 有裂纹源、疲劳裂纹扩展区和最后的瞬时断裂区(瞬断区)三个部分。

图中上部较白的粗糙部分是最后的瞬时断裂区,是裂纹扩展到足够尺寸后发生瞬间断裂形成的新鲜断面;下部紧邻瞬时断裂区的是裂纹扩展区,该区域大小与材料延性和所承受的载荷水平有关;进一步仔细观察(或借助光学、电子显微镜)可以发现,裂纹起源于轮毂的下表面,这里是轮毂圆弧过渡引入应力集中的最大应力部位。裂纹起源处称为裂纹源。

(2) 裂纹扩展区断面较光滑平整,通常可见"海滩条带"(beach mark),有腐蚀痕迹。

在与不同使用工况对应的变幅循环载荷作用下,裂纹以不同的速率扩展,在断面上留下与加载历史对应的痕迹,形成明暗相间的条带。这些条带就像海水退离沙滩后留下的痕迹一样,显示出疲劳裂纹不断扩展的过程,称为"海滩条带"。同时,裂纹的两个表面在其扩展过程中不断地张开、闭合,相互摩擦,使得裂纹扩展区断面较为平整、光滑;有时也会使海滩条带变得不太明显。由于疲劳裂纹扩展有一个较长的时间过程,在环境氧化或其他腐蚀介质侵蚀下,裂纹扩展区常常还会留有腐蚀痕迹。

(3)裂纹源通常在高应力局部或材料缺陷处。

裂纹源一般是一个,也可以有多个。裂纹起源于高应力区,而高应力区通常在材料表面附近。如果材料含有夹杂、空隙等缺陷,那么由于应力集中,这些地方局部应力会比较高,因此缺陷处也是可能的裂纹源。

(4)与静强度破坏相比,即使是延性材料,也没有明显的塑性变形。

将发生疲劳断裂破坏后的断口对合在一起,一般都能吻合得很好。这表明构件在疲劳破坏之前并未发生大的塑性变形。即使构件是由延性很好的材料制成的,也是如此。这是材料发生疲劳破坏与在简单拉伸条件下发生静强度破坏的显著区别。

疲劳破坏与静强度破坏相比较,主要区别如表1.1所示。静强度破坏是在高应力作用下构件整体强度不足时发生的瞬间破坏;疲劳破坏则是在满足静强度条件的较低应力多次作用下,构件局部损伤累积的结果。静强度破坏断口粗糙、新鲜、无表面磨蚀或腐蚀痕迹;疲劳破坏断口则比较光滑,有裂纹源、裂纹扩展区、瞬断区,在裂纹扩展区还伴随有海滩条带或腐蚀痕迹。延性材料静强度破坏时塑性变形明显,疲劳断口则无明显塑性变形。局部应力集中对结构极限承载能力影响不大,但对疲劳寿命影响很大。

表 1.1 疲劳破坏与静强度破坏的主要区别

破坏类型	疲劳破坏	静强度破坏
作用应力水平	较低	达到或超过极限应力
破坏形式	经历局部损伤累积过程	无损伤累积过程,瞬间发生破坏
断口特征	光滑,有海滩条带或腐蚀痕迹,有裂纹源、裂纹扩展区、瞬断区三个分区	断口粗糙、新鲜、无表面磨蚀或腐蚀痕迹,无分区
	无明显塑性变形	延性材料塑性变形明显
应力集中的影响	应力集中对寿命影响大	应力集中对极限承载能力影响不大

(5)工程实际中的表面裂纹一般呈半椭圆形。

起源于表面的裂纹,在循环载荷的作用下扩展,通常沿表面扩展较快,沿深度方向扩展较慢,形成半椭圆形,如图1.5所示。而且,宏观裂纹一般在最大拉应力平面内扩展。

1.4.2 微观特征

1976年,Crooker利用高倍电子显微镜观察到疲劳裂纹扩展的三种微观机制,即微解理型(microcleavage),条纹型(striation)和微孔聚合型(microvoid coalescence)。1986 年,陈传尧等利用透射电子显微镜观察了 Cr12Ni2WMoV 钢中的疲劳裂纹扩展,获得了对应于不同裂纹扩展阶段的疲劳断口照片,如图 1.6 所示。图 1.6(a)是微解理型,对应于较低疲劳裂纹扩展速率($10^{-7}\sim10^{-5}$ mm/cycle)阶段;图 1.6(b)是条纹型,对应的疲劳裂纹扩展速率约为 $10^{-6}\sim10^{-3}$ mm/cycle;而图 1.6(c)是微孔聚合型,对应于较高疲劳裂纹扩展速率($10^{-4}\sim10^{-1}$ mm/cycle)阶段。

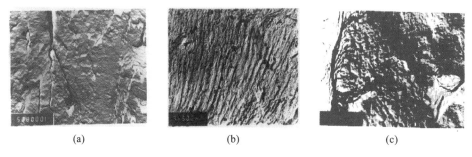

(a)　　　　　　　　　(b)　　　　　　　　　(c)

图 1.6　Cr12Ni2WMoV 钢疲劳断口微观观察照
(a) 微解理型;(b) 条纹型;(c) 微孔聚合型

值得注意的是,在图 1.6(b)中出现了大量的微观疲劳条纹。疲劳条纹的形成与载荷循环有关,根据条纹间距可以粗略估计对应的疲劳裂纹扩展速率。必须指出,微观疲劳条纹与前述之断口宏观疲劳海滩条带不同。海滩条带的形成与周期载荷循环块对应,肉眼可见;而疲劳条纹则与单个载荷循环对应,必须利用高倍电子显微镜($10^3\sim10^4$倍)才能观察。一条海滩条带可能含有成千上万条疲劳条纹。

采用不同的观察工具观察疲劳断口获得的观察内容是不同的。表 1.2 列出了与不同观察工具相对应的观察内容。

表 1.2　与不同观察工具相对应的疲劳断口观察内容

观察工具	肉眼,放大镜	金相显微镜	电子显微镜
放大倍数	1～10	10～1000	1000 以上
观察对象	宏观断口,海滩条带	裂纹源,夹杂,缺陷	条纹,微解理,微孔聚合

1.4.3　由疲劳断口进行初步失效分析

疲劳破坏断口,包括裂纹扩展区的大小、海滩条带的形状和尺寸以及断口微观形貌等,可以提供十分丰富的信息,这对于构件或结构的失效原因分析是非常重要的。

观察断口的宏观形貌,根据是否存在裂纹源、裂纹扩展区和瞬断区等三个特征区域,可以判断是否为疲劳破坏。如果是疲劳破坏,就可以根据裂纹扩展区的大小,判断破坏时的裂纹最大尺寸,进而可以利用断裂力学方法,由构件几何及最大裂纹尺寸估计破坏载荷,判断破坏是否在正常工作载荷状态下发生。除此以外,裂纹源的位置还可以指示裂纹起源于何处,以便分析引发裂纹的主要原因。

利用金相显微镜或低倍电子显微镜,可以对裂纹源进行进一步观察和确认,并且判断是否是由材料缺陷所引起的、缺陷的类型和大小如何。根据宏观海滩条带和微观疲劳条纹数据,结合载荷谱分析,还可以估计疲劳裂纹扩展速率。

疲劳断口分析不仅有助于分析和判断构件的失效原因,而且可以为改进疲劳研究和抗疲劳设计提供参考。因此,发生疲劳破坏后,应当尽量保护好断口,避免损失宝贵的信息。

1.5　疲劳破坏机理

1.5.1　疲劳裂纹萌生机理

材料中疲劳裂纹的起始或萌生,也称为疲劳裂纹成核(nucleation)。疲劳裂纹形成后,将在扰动载荷的作用下继续扩展,直至断裂发生。疲劳裂纹成核处,称为"裂纹源"。

裂纹起源于高应力的局部。一般来说,有以下两个部位可能会出现高应力。

(1)应力集中处。材料或结构中通常会存在缺陷、夹杂,或者孔、切口、台阶等,这些部位材料或几何不连续处,容易引起应力集中,形成高应力,从而成为"裂纹源"。

(2)构件表面。在大多数情况下,高应力区域总是处于构件表面(或近表面),如承受弯曲或扭转的圆轴,其最大正应力或最大切应力就发生在截面半径最大的表面处。表面还难免有加工痕迹(如切削刀痕)、使用中带来的伤痕,以及环境腐蚀的影响。除此以外,表面处于平面应力状态,有利于塑性滑移的进行,而滑移往往是材料中裂纹成核的前提。

金属大多是多晶体,各晶粒有各自不同的排列取向。在高应力作用下,材料晶粒中易滑移平面的方位如果与最大切应力方向一致,则容易发生滑移。滑移可以在单调载荷下发生,也可以在循环载荷下发生。图 1.7(a)(b)分别展示了在较大载荷作用下发生在延性金属表面的粗滑移和在较小的循环载荷作用下发生的细滑移。

在循环载荷作用下,表面形成的滑移带会造成材料的"挤出"和"凹入",进一步形成应力集中,导致产生微裂纹。滑移的发展过程与施加的载荷及循环次数有关,图 1.8 是在多晶镍中同一位置通过金相显微镜观察到的对应于不同循环次数的照片,其中的黑色围线是晶界。可以看出,在经历 10^4 次循环后,只有少数几处出现滑移,而且滑移线很细,表明其深度较浅,如图 1.8(a)所示。采用电解抛光方法将表面去除几个微米就可以将这些浅滑移线消除。随着循环次数增加,滑移线(或滑移带)越来越密集,也越来越粗,如图中 1.8(b)和(c)所示。

应当注意,滑移主要是在晶粒内部进行的。少数几条深度大于几个微米的滑移带穿

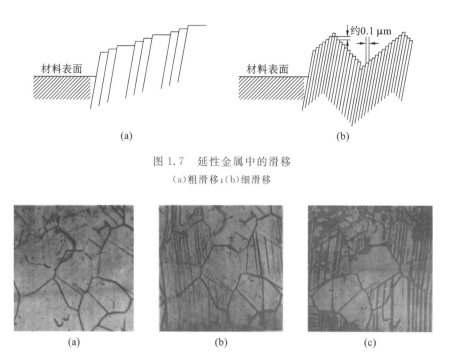

图 1.7　延性金属中的滑移

（a）粗滑移；（b）细滑移

图 1.8　循环载荷下多晶体镍中滑移的发展

（a）10^4次循环；（b）5×10^4次循环；（c）27×10^4次循环

过晶粒，成为"驻留滑移带（persistent slip band）"或"持久滑移带"，微裂纹正是由这些驻留滑移带发展而成的。滑移只在局部高应力区发生，而在其余大部分区域，甚至直至断裂都只有很少或者没有滑移发生。如果构件表面光洁，就可以延缓滑移发生，从而延长裂纹萌生寿命。

1.5.2　疲劳裂纹扩展机理

疲劳裂纹在高应力处由驻留滑移带成核，是由最大切应力控制的，形成的微裂纹最初与最大切应力方向一致，如图 1.9 所示。

在循环载荷作用下，由驻留滑移带形成的微裂纹沿45°最大切应力面继续扩展或相互连接。此后，会有少数几条微裂纹达到几十微米的长度，逐步汇聚成一条主裂纹，并由沿最大切应力面扩展逐步转向沿垂直于载荷作用线的最大拉应力面扩展。沿 45°最大切应力面扩展是裂纹扩展的第 1 阶段，在最大拉应力面内的扩展是裂纹扩展的

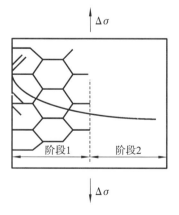

图 1.9　裂纹扩展的两个阶段

第 2 阶段。从第 1 阶段向第 2 阶段转变所对应的裂纹尺寸主要取决于材料和作用应力水平,但通常都在 0.05 mm 以内,只有几个晶粒的尺寸。第 1 阶段裂纹扩展的尺寸虽然很小,但是对寿命的贡献很大。对于高强度材料来说,尤其如此。

与第 1 阶段相比,第 2 阶段的裂纹扩展更便于观察。Laird(1967)观察了延性材料裂纹尖端几何形状在对称循环应力作用下的改变,提出了描述疲劳裂纹扩展的"塑性钝化模型",如图 1.10 所示,图中(a)(b)(c)(d)和(e)分别对应于一个载荷周期内应力从零开始增大,直到达到最大拉应力,随后下降回到零点,最后反向加载达到最大压应力。与此相应,裂纹尖端的形状在循环开始时非常尖锐,如图 1.10(a)所示;而随着循环应力增加,裂纹逐步张开,裂纹尖端材料由于高度的应力集中而沿最大切应力方向发生滑移,如图 1.10(b)所示;应力进一步增大,达到最大值,裂纹充分张开,裂纹尖端钝化成半圆形,开创出新的表面,如图 1.10(c)所示;卸载时,已张开的裂纹要收缩,但新开创的裂纹面却不会消失,在卸载引入的压应力作用下失稳,并在裂尖形成凹槽形,如图 1.10(d)所示;最后,在最大循环压应力作用下,又成为尖裂纹,但其长度已产生一个增量,如图 1.10(e)所示。进入下一个载荷循环以后,裂纹又开始新一轮的张开、钝化、扩展、锐化,重复上述过程。由此,每一个应力循环,就在裂纹面上留下一条痕迹,这就是疲劳条纹(striation)。

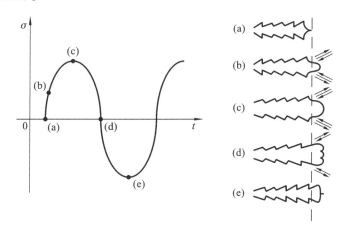

图 1.10 塑性钝化过程

疲劳条纹在晶粒尺寸量级出现,必须借助高倍电子显微镜才能观察到,因此与在疲劳宏观断口上肉眼(或用低倍放大镜)可见的海滩条带完全不同。通常,一条海滩条带可以包含几千条甚至上万条疲劳条纹。图 1.11 是铝合金板埋头铆钉孔边裂纹面上放大 10 倍后的海滩条带照片。图 1.12 则是 Cr12Ni2WMoV 钢放大 2 万~3 万倍后的疲劳条纹照片。

图 1.11　铝合金板铆钉孔边裂纹面上的海滩条带　　图 1.12　Cr12Ni2WMoV 钢疲劳条纹

小　　结

（1）疲劳是在材料的某点或某些点承受扰动应力，且在足够多的循环扰动作用之后形成裂纹或完全断裂，由此所发生的局部永久结构变化的发展过程。

（2）疲劳的特点：有扰动应力作用；破坏起源于高应力或高应变的局部；有裂纹萌生、扩展和断裂三个阶段，是一个发展过程。

（3）描述循环应力水平的基本量是最大应力 $\sigma_{\max}$ 和最小应力 $\sigma_{\min}$，导出量有

应力范围：$\Delta\sigma = \sigma_{\max} - \sigma_{\min}$

应力幅：$\sigma_{a} = \dfrac{1}{2}\Delta\sigma = \dfrac{1}{2}(\sigma_{\max} - \sigma_{\min})$

平均应力：$\sigma_{m} = \dfrac{1}{2}(\sigma_{\max} + \sigma_{\min})$

应力比：$R = \dfrac{\sigma_{\min}}{\sigma_{\max}}$

（4）疲劳断口的典型特征：有裂纹源、裂纹扩展区和瞬断区三个部分；裂纹扩展区断面较光滑，有海滩条带和（或）腐蚀痕迹；裂纹源通常在高应力局部或材料缺陷处；无明显的塑性变形。

（5）疲劳断口的宏、微观信息，是进行失效分析的重要依据。

思考题与习题

1-1 什么是疲劳？疲劳问题的主要特点有哪些？

1-2 试述疲劳断口与静强度破坏断口的主要区别。

1-3 在失效分析中，疲劳断口可提供哪些信息？

1-4 降低表面粗糙度、引入残余压应力可以提高疲劳寿命，为什么？

1-5 已知最大应力 $\sigma_{max} = 200$ MPa，最小应力 $\sigma_{min} = 50$ MPa，试计算循环应力范围 $\Delta\sigma$、应力幅 σ_a、平均应力 σ_m 和应力比 R。

1-6 已知循环应力幅 $\sigma_a = 100$ MPa，应力比 $R = 0.2$，计算最大应力 σ_{max}、最小应力 σ_{min}、平均应力 σ_m 和应力范围 $\Delta\sigma$。

第 2 章　高 周 疲 劳

采用疲劳裂纹萌生时的载荷循环总周次描述裂纹萌生寿命,传统上可以将裂纹萌生的疲劳问题划分为高周疲劳(high cycle fatigue)和低周疲劳(low cycle fatigue)。高周疲劳是指疲劳寿命所包含的载荷循环周次比较高,一般大于 10^4 周次,而作用在结构或构件上的循环应力水平比较低,最大循环应力通常小于材料的屈服应力,即 $\sigma_{max} < \sigma_s$。材料始终处于弹性阶段,应力和应变之间满足胡克定律,具有一一对应关系,采用应力或应变作为疲劳控制参量。一般采用应力作为控制参量,因此高周疲劳又称为应力疲劳(stress fatigue)。低周疲劳是指疲劳寿命所包含的载荷循环周次比较少,一般小于 10^4 周次,而作用在结构或构件上的循环应力水平比较高,最大循环应力通常大于材料的屈服应力,即 $\sigma_{max} > \sigma_s$。由于材料进入屈服后应变变化较大,而应力变化很小,采用应变作为疲劳控制参量更为合适,因此低周疲劳又称为应变疲劳(strain fatigue)。

由于传统疲劳试验机频率低,开展疲劳试验耗时长,测试成本高,一次疲劳试验很少超过 10^7 周次载荷循环,因此 10^7 周次就成为传统高周疲劳寿命的上限。材料在经历 10^6 或 10^7 周次以上载荷循环以后仍然未发生破坏所对应的临界应力,称为疲劳极限。大量试验数据表明,在传统疲劳极限附近应力水平的循环载荷作用下,金属材料的疲劳破坏大多发生在 $10^6 \sim 10^{10}$ 循环周次之间。近年来,随着高频振动疲劳试验技术的迅速发展,材料在高达 $10^6 \sim 10^{10}$ 周次载荷循环下的超高周疲劳(very high cycle fatigue)问题研究逐渐成为热点。

本章讨论高周疲劳问题。

2.1　基本 *S-N* 曲线

在高周疲劳问题中,材料的疲劳性能可以用表征循环载荷应力水平的应力幅或最大应力与表征疲劳寿命的材料到裂纹萌生(此时即认定材料失效)时的循环周次之间的关系来描述,称为应力-寿命关系或 *S-N* 曲线。对于恒幅循环应力,为了分析的方便,采用应力比和应力幅描述循环应力水平。如前所述,如果给定应力比,应力幅就是控制疲劳破坏的主要参量。由于对称恒幅循环载荷容易实现,工程上一般将 $R = -1$ 的对称恒幅循环载荷下获得的应力-寿命关系,称为材料的基本疲劳性能曲线。

在工程和试验中,裂纹萌生的实时判定是一个难题。在试验中为了简便,针对不同的材料分别采用下面的标准判定裂纹萌生或失效。

(1)脆性材料小尺寸试件发生断裂。对于中高强度钢等脆性材料,裂纹从萌生到扩展至小尺寸圆截面试件断裂的时间很短,对整个寿命的影响很小,因此这样的标准是合理的。

　　(2) 延性材料小尺寸试件出现可见小裂纹或 5%～15% 的应变降。对于延性较好的材料,裂纹萌生后有相当长的一段扩展阶段,这个阶段不能计入裂纹萌生寿命。如果观察手段好,就可以以小裂纹(如尺寸在 1 mm 左右)的出现作为裂纹萌生的判定标准,也可以监测试件在恒幅循环应力作用下的应变变化,利用裂纹萌生可能导致局部应变释放的规律,通过监测应变降来确定试件中是否萌生裂纹。

2.1.1　一般形状和主要特征

　　根据《金属材料 疲劳试验 轴向力控制方法》(GB/T 3075—2008),金属材料的疲劳试验一般采用小尺寸的圆形或矩形横截面试件,试件数量不能太少,7～10 件比较合适。

　　在给定的应力比下,施加不同应力幅的循环应力,记录失效时的载荷循环次数(即寿命)。以寿命为横轴、应力幅为纵轴,描点并进行数据拟合,即得到如图 2.1 所示的 S-N 曲线。很明显,在给定的应力比下,应力水平(应力幅或最大应力)越低,寿命越长。因此,S-N 曲线是下降的。当应力水平(如应力幅)小于某个极限值时,试件永远都不会发生破坏,寿命趋于无限大。因此,S-N 曲线存在一条水平的渐近线。

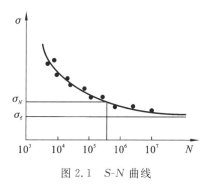

图 2.1　S-N 曲线

　　在 S-N 曲线上对应于寿命 N 的应力,称为寿命为 N 的条件疲劳强度,以下简称疲劳强度,记作 σ_N。在 $R=-1$ 的对称循环载荷下寿命为 N 的疲劳强度,记作 $\sigma_{N(R=-1)}$。寿命 N 趋于无穷大时所对应的应力,称为材料的疲劳极限(endurance limit),记作 σ_f。在 $R=-1$ 的对称循环载荷下的疲劳极限,记作 $\sigma_{f(R=-1)}$,简记为 σ_{-1}。材料的疲劳极限可以直接用于开展无限寿命设计,即确保工作应力满足 $\sigma<\sigma_f$。

　　由于疲劳试验不可能无休止地做下去,因此试验中的"无穷大",对于钢材,一般定义为 10^7 次循环;对于焊接件,一般为 2×10^6 次循环;而对于有色金属材料,则为 10^8 次循环。

2.1.2　数学表达

1) Wöhler 公式

德国工程师 Wöhler 最早提出了一个指数形式的表达式:

$$e^{m\sigma}N=c \tag{2-1}$$

式中,m 和 c 是与材料、应力比、加载方式等有关的参数。对式(2-1)两边同时取对数,即得:

$$\sigma=a+b\lg N \tag{2-2}$$

式中，$a = \dfrac{\lg c}{m \lg e}$，$b = \dfrac{-1}{m \lg e}$。式(2-2)表明，在寿命取对数而应力不取对数的坐标图中，应力和寿命之间满足线性关系，通常称为半对数线性关系。

2) Basquin **公式**

1910 年，Basquin 在研究材料的弯曲疲劳特性时，提出了描述材料 S-N 曲线的幂函数表达式，即

$$\sigma^m N = c \tag{2-3}$$

对式(2-3)两边同时取对数，有

$$\lg \sigma = a + b \lg N \tag{2-4}$$

式中，$a = \dfrac{\lg c}{m}$，$b = -\dfrac{1}{m}$。式(2-4)表明，应力和寿命之间存在对数线性关系。

3) Stromeyer **公式**

上述两种应力-寿命公式虽然简单明了，但是不能表达 S-N 曲线存在水平渐近线的事实。1914 年，Stromeyer 基于 Basquin 公式提出了一个新的表达式：

$$(\sigma - \sigma_f)^m N = c \tag{2-5}$$

式中引入了疲劳极限 σ_f。很明显，当 σ 趋于 σ_f 时，寿命 N 趋于无穷大。

在上述三个公式中，最常用的是 Basquin 的幂函数表达式。注意到，S-N 曲线描述的是高周疲劳，因此其寿命不应该低于 10^4 周次循环。

2.1.3　近似估计

描绘材料疲劳性能的基本 S-N 曲线，一般应当通过 $R = -1$ 的对称循环疲劳试验得到。但是，有时候可能因为各种原因而缺乏试验结果或无法开展试验。在这样的情况下，可以依据材料的静强度数据进行简单估计，供初步设计参考。

1) **疲劳极限的估计**

图 2.2 给出了一些金属材料旋转弯曲疲劳极限 σ_f 与极限强度(ultimate strength) σ_u 的试验数据。可以发现，当材料极限强度不超过 1400 MPa 时，疲劳极限与极限强度之间近似呈线性关系，而在极限强度超过 1400 MPa 以后，疲劳极限不再有明显的变化趋势。因此，可以用一条斜线和水平直线描述二者之间的关系。

考虑到加载方式对疲劳行为的影响，对于一般常用金属材料，根据不同的加载方式有下述经验关系：

$$\sigma_f = \begin{cases} k\sigma_u, & \sigma_u < 1400 \text{ MPa} \\ 1400k, & \sigma_u \geqslant 1400 \text{ MPa} \end{cases} \tag{2-6}$$

式中，k 是与加载方式有关的系数。对于弯曲疲劳问题，试验结果表明 k 在 $0.3 \sim 0.6$ 之间，一般取 $k = 0.5$；对于轴向拉压对称疲劳问题，试验结果表明 k 在 $0.3 \sim 0.45$ 之间，一般

取 $k=0.35$；而对于对称扭转疲劳问题，k 在 $0.25\sim0.3$ 之间，一般取 $k=0.29$。

对于高强脆性材料，极限强度 σ_u 为极限抗拉强度 σ_b；对于延性材料，σ_u 为屈服强度 σ_s。

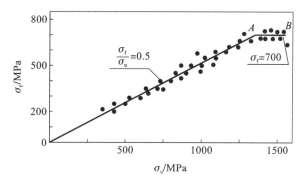

图 2.2　旋转弯曲疲劳极限与极限强度

2）S-N 曲线的估计

如果已知材料的疲劳极限和极限强度，就可以用下述方法对 S-N 曲线做偏于保守的估计。考虑到 S-N 曲线描述的是长寿命疲劳，不宜用于 $N<10^3$ 的情况，因此可以假定 $N=10^3$ 对应的疲劳极限为 $0.9\sigma_u$。同时，金属材料疲劳极限 σ_f 所对应的无限大寿命一般为 $N=10^7$ 周次，因此可以偏于保守地假定对应疲劳极限的寿命为 10^6 周次。

根据 Basquin 公式，有

$$(0.9\sigma_u)^m \cdot 10^3 = c \tag{2-7}$$

和

$$\sigma_f{}^m \cdot 10^6 = c \tag{2-8}$$

联立式（2-7）和式（2-8），可得

$$m = \frac{3}{\lg 0.9 - \lg k} \tag{2-9}$$

和

$$c = \lg^{-1}\left[\frac{6\lg 0.9 + 3(\lg \sigma_u - \lg k)}{\lg 0.9 - \lg k}\right] \tag{2-10}$$

必须注意，按照上述方法估计的 S-N 曲线，只能应用于寿命在 $10^3\sim10^6$ 周次之间的疲劳强度估计，不能外推。

2.2　平均应力的影响

采用应力比和应力幅描述循环应力水平，利用在给定应力比（如 $R=-1$）下的材料疲劳试验，可以得到反映应力幅对寿命影响的 S-N 曲线。本节主要讨论应力比对疲劳性能的影响。

根据应力幅和应力比，平均应力可以表示为

$$\sigma_{\mathrm{m}} = \frac{1+R}{1-R}\sigma_{\mathrm{a}} \tag{2-11}$$

很明显，当应力幅 σ_{a} 给定时，平均应力 σ_{m} 随着应力比 R 的增大而增大，并且具有一一对应关系，如图 2.3 所示。因此，讨论应力比的影响，实际上也就是讨论平均应力的影响。

2.2.1　一般趋势

从图 2.3 可以看出，随着平均应力的增大，循环载荷中的拉伸部分所占的比重也增大，这会促进疲劳裂纹的萌生和扩展，从而降低疲劳寿命。平均应力对 $S\text{-}N$ 曲线的影响的一般趋势如图 2.4 所示。图中，$\sigma_{\mathrm{m}}=0$（对应于 $R=-1$）对应的曲线，就是基本 $S\text{-}N$ 曲线。

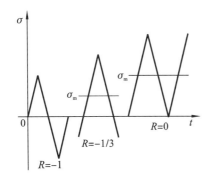

图 2.3　应力比与平均应力之间的对应关系

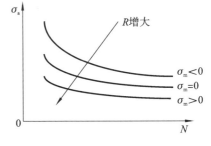

图 2.4　平均应力对 $S\text{-}N$ 曲线的影响

明显地，当 $\sigma_{\mathrm{m}}>0$ 时，循环载荷有拉伸平均应力，与 $\sigma_{\mathrm{m}}=0$ 的情况相比，$S\text{-}N$ 曲线下移。这表示随着平均应力上升，相同的应力幅对应的寿命将缩短，或者相同的寿命对应的疲劳强度将降低。因此拉伸平均应力对疲劳是不利的。而当 $\sigma_{\mathrm{m}}<0$ 时，循环载荷有压缩平均应力，相对于 $\sigma_{\mathrm{m}}=0$ 的情况，$S\text{-}N$ 曲线上移。这表示随着平均应力下降，同样的应力幅对应的寿命将延长，或者同样的寿命对应的疲劳强度将提高。因此，压缩平均应力对疲劳是有利的。在工程实践中，可以用喷丸、冷挤压和预应变等方法，在结构高应力局部引入残余压应力，以提高寿命。

2.2.2　等寿命曲线

以应力幅 σ_{a} 为纵轴、平均应力 σ_{m} 为横轴，将不同应力水平下的疲劳试验数据描点，并按照等寿命条件拟合曲线，可以获得多条等寿命曲线，如图 2.5 所示。等寿命曲线可以反映给定寿命条件下，循环应力幅与平均应力之间的关系。很明显，当寿命一定时，平均应力越大,相应的应力幅越小;而且平均应力有一个上限值,这就是材料的极限强度 σ_u。当平均应力等于材料的极限强度时,对应的应力幅为零,表明导致材料破坏的载荷为静载荷,发生的破坏是静强度破坏。而当平均应力为零时,应力幅就是对称循环载荷下的疲劳强度 $\sigma_{N(R=-1)}$。

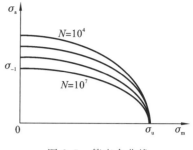

图 2.5　等寿命曲线

分别采用疲劳强度 $\sigma_{N(R=-1)}$ 和极限强度 σ_u 对应力幅 σ_a 和平均应力 σ_m 做归一化处理,可以将等寿命曲线处理成无量纲形式。这种无量纲的等寿命图称为 Haigh 图。图 2.6 给出了金属材料在寿命为 10^7 周次时的 Haigh 图。

等寿命曲线可以采用抛物线方程拟合,即

$$\frac{\sigma_a}{\sigma_{N(R=-1)}} + \left(\frac{\sigma_m}{\sigma_u}\right)^2 = 1 \tag{2-12}$$

该抛物线称为 Gerber 曲线。从图 2.6 可以看出,数据点基本上在此抛物线附近。

除此以外,也可以采用直线方程拟合,即

$$\frac{\sigma_a}{\sigma_{N(R=-1)}} + \frac{\sigma_m}{\sigma_u} = 1 \tag{2-13}$$

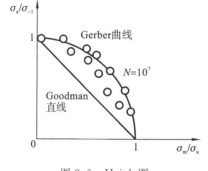

图 2.6　Haigh 图

该直线称为 Goodman 直线。可以看出,所有的数据点都在这一直线的上方。一般来说,直线方程拟合形式简单,而且在给定的寿命下,根据直线方程拟合做出的估计偏保守,因此在工程实际中经常采用。

利用 Goodman 直线,已知材料的极限强度 σ_u 和基本 S-N 曲线,就可以估计其在不同应力比或平均应力下的疲劳性能。

例 2.1　构件受拉压循环应力作用, $\sigma_{max} = 800$ MPa, $\sigma_{min} = 80$ MPa。若已知材料的极限强度为 $\sigma_u = 1200$ MPa,试估算其疲劳寿命。

解　(1)根据最大应力和最小应力计算应力幅和平均应力,可得:

$$\sigma_a = 360 \text{ MPa}, \qquad \sigma_m = 440 \text{ MPa}$$

(2)根据极限强度估计对称循环载荷下的基本 S-N 曲线。

首先由式(2-6),在拉压循环应力作用下,疲劳极限可估计为

$$\sigma_{-1} = 0.35\,\sigma_u = 420 \text{ MPa}$$

再根据式(2-9)式(2-10),如果基本 S-N 曲线采用 Basquin 公式表达,则有

$$m = 7.314, c = 1.536 \times 10^{25}$$

(3)循环应力水平的等寿命转换。

利用 Goodman 直线，将实际工作的循环应力水平等寿命地转换为对称循环载荷下的应力水平。根据式(2-13)，有

$$\sigma_{N(R=-1)} = \frac{\sigma_a}{1 - \dfrac{\sigma_m}{\sigma_u}} = 568.4 \text{ MPa}$$

（4）估计寿命。

在 $\sigma_a = 568.4$ MPa 、$\sigma_m = 0$ 的对称循环载荷下的寿命，可由基本 S-N 曲线得到。根据 Basquin 公式有

$$N = 1.09 \times 10^5 (\text{周次})$$

考虑到构件在 $\sigma_a = 360$ MPa、$\sigma_m = 440$ MPa 的工作应力水平下与在 $\sigma_a = 568.4$ MPa、$\sigma_m = 0$ 的对称循环载荷下是等寿命的，因此可以估计构件在 $\sigma_a = 360$ MPa、$\sigma_m = 440$ MPa 的工作应力水平下的寿命为 1.09×10^5 周次循环。

2.2.3　等寿命疲劳图

为了方便进一步讨论，将图 2.5 的等寿命曲线重画于图 2.7 中。对于任一过原点的射线 OB，其斜率

$$k = \frac{\sigma_a}{\sigma_m}$$

且应力比

$$R = \frac{\sigma_{\min}}{\sigma_{\max}} = \frac{\sigma_m - \sigma_a}{\sigma_m + \sigma_a} = \frac{1 - k}{1 + k}$$

可见，射线斜率 k 与应力比 R 有一一对应的关系，不同的射线对应不同的应力比。$k = 1$ 的 45°射线，对应于 $\sigma_m = \sigma_a$，因此 $R = 0$；$k = \infty$ 的 90°射线，对应于 $\sigma_m = 0$，因此 $R = -1$；而 $k = 0$ 的 0°射线，对应于 $\sigma_a = 0$，因此 $R = 1$。

过任意一点 B，作 45°射线 OA 的垂线 CD，垂足为 A，如图 2.7 所示，则有

$$k = \frac{OA\sin\dfrac{\pi}{4} - h\sin\dfrac{\pi}{4}}{OA\cos\dfrac{\pi}{4} + h\cos\dfrac{\pi}{4}} = \frac{OA - h}{OA + h}$$

因此，

$$R = \frac{1 - k}{1 + k} = \frac{h}{OA} = \frac{h}{AC}$$

这说明 CD 线可作为应力比 R 的坐标轴，A 处 $R = 0$，C 处 $R = 1$，D 处 $R = -1$，其他的 R 值在 CD 上线性标定即可。

为了便于观察，将图 2.7 旋转 45°，如图 2.8 所示。现在看看水平和竖直的两条坐标线 σ_1 和 σ_2 分别代表什么。

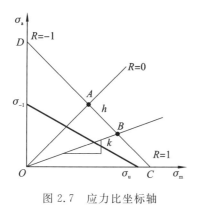

图 2.7 应力比坐标轴

图 2.8 等寿命疲劳图

考察图中的任意一点 A,有

$$\sin\alpha = \frac{\sigma_{\mathrm{a}}}{OA} \ , \ \cos\alpha = \frac{\sigma_{\mathrm{m}}}{OA}$$

在 ΔAOC 中,很明显:

$$\sigma_1 = OC = OA\sin(\frac{\pi}{4} - \alpha) = \frac{\sqrt{2}}{2}\sigma_{\mathrm{min}}$$

可见,坐标轴 σ_1 代表 σ_{min},只是其坐标需要按放大 $\frac{\sqrt{2}}{2}$ 倍来标定;类似地,可以证明坐标轴

σ_2 代表 σ_{max},同样也需要按放大 $\frac{\sqrt{2}}{2}$ 倍来标定。如此得到的图,称为等寿命疲劳图。

作为一个例子,图 2.9 给出了 7075-T6 铝合金的等寿命疲劳图。利用该图,可直接读出给定寿命 N 下的 σ_{max}、σ_{min}、σ_{a}、σ_{m} 和 R 等表征循环载荷水平的参数,便于工程设计使

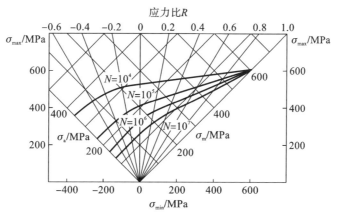

图 2.9 7075-T6 铝合金的等寿命疲劳图

用。在给定的应力比 R 下,由与该应力比相对应的射线与等寿命线的交点,读取应力幅和寿命,即可获得相应的 $S\text{-}N$ 曲线。此外,还可利用等寿命疲劳图进行载荷间的等寿命转换。

2.3　影响疲劳性能的若干因素

大多数描述材料疲劳性能的基本 $S\text{-}N$ 曲线,都是利用小尺寸试件在旋转弯曲对称循环载荷作用下得到的。为了确保试验数据反映材料的真实性能,并且减小其分散性,国家标准对试件试验段加工的尺寸精度和表面情况都有明确要求。然而,在实际问题中,加载方式、构件尺寸、表面粗糙度、表面处理、使用温度及环境等可能与试验室的情况显著不同,这些因素对于疲劳寿命的影响不可忽视。因此,在开展构件疲劳设计时,必须考虑这些因素的影响,对材料的疲劳性能进行适当的修正。

2.3.1　加载方式的影响

根据 2.1.3 节已经可以知道,材料的疲劳极限与加载方式有关。一般来说,弯曲问题的疲劳极限大于拉压问题的疲劳极限,而拉压问题的疲劳极限又大于扭转问题的疲劳极限。

这可以用不同加载方式在高应力区体积上的差别来解释。假定作用应力水平相同,在拉压情况下,高应力区体积等于整个构件的体积,而在弯曲情况下高应力区体积则要小得多,如图 2.10 所示。一般来说,材料是否发生疲劳破坏,主要取决于作用应力的大小(外因)和材料抵抗疲劳破坏的能力(内因),因此疲劳破坏通常从高应力区或缺陷处起源。假如在拉压和弯曲两种情况下作用的最大循环应力 $\sigma_{\max}$ 相等,那么由于在拉压情况下高应力区域体积较大,材料存在缺陷并由此引发裂纹萌生的可能性也大。因此,在同样的应力水平作用下,材料在拉压循环载荷作用下的寿命比在弯曲循环载荷作用下的短;或者说,在同样的寿命条件下,材料在拉压循环载荷作用下的疲劳强度比在弯曲循环载荷作用下的低。

对于材料扭转疲劳极限较低的问题,则需要从不同应力状态下破坏判据的差别来解释。

2.3.2　尺寸效应

构件尺寸对疲劳性能的影响,也可以根据不同构件尺寸带来的高应力区体积上的差别来解释。从图 2.10 可以看出,如果应力水平保持不变,构件尺寸越大,则高应力区体积越大,高应力区存在缺陷或薄弱处的可能性也越大。因此,在相同情况下,大尺寸构件的

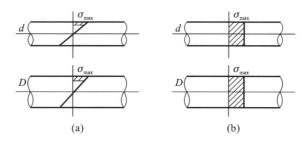

图 2.10　不同加载方式和不同构件尺寸下的高应力区体积

（a）弯曲加载；（b）拉压加载

疲劳抗力低于小尺寸构件。或者说,在给定寿命的条件下,大尺寸构件的疲劳强度较低;反之,在给定应力水平的条件下,大尺寸构件的疲劳寿命较低。

尺寸效应可以通过引入一个尺寸修正因子 c 来考虑。尺寸修正因子是一个小于 1 的系数,可以从设计手册中查到。对于常用的金属材料,在大量试验研究的基础上,有一些经验公式可以给出尺寸修正因子的估计。对于圆截面构件,Shigley 和 Mitchell 于 1983 年给出了如下的尺寸修正因子表达式:

$$c = \begin{cases} 1.189 d^{-0.097} & 8 \text{ mm} \leqslant d \leqslant 250 \text{ mm} \\ 1 & d < 8 \text{ mm} \end{cases} \tag{2-14}$$

式(2-14)一般只用作疲劳极限修正。修正后的疲劳极限为

$$\sigma_f' = c\sigma_f \tag{2-15}$$

一般来说,尺寸效应对长寿命疲劳影响较大。当应力水平比较高,寿命比较短时,材料分散性的影响相对较小,因此,如果用上述尺寸修正因子修正整条 $S\text{-}N$ 曲线,则将过于保守。

2.3.3　表面粗糙度的影响

根据疲劳的局部性,粗糙的表面将加大构件局部应力集中程度,从而缩短裂纹萌生寿命。材料基本 $S\text{-}N$ 曲线是利用表面粗糙度小的标准试件在试验室通过疲劳试验获得的,因此类似于尺寸修正,表面粗糙度的影响也可以通过引入一个小于 1 的修正因子(即表面粗糙度系数)来描述。图 2.11 展示了在不同表面加工条件下表面粗糙度系数随材料强度变化的一般趋势。

一般来说,材料强度越高,表面粗糙度的影响越大;另外,应力水平越低,寿命越长,表面粗糙度的影响也越大。表面加工产生的划痕和使用过程中的碰伤,也是潜在的裂纹源,因此构件在加工和使用过程中应当注意防止碰划。

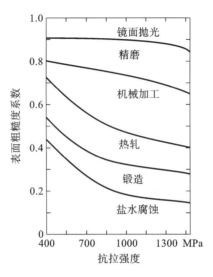

图 2.11　不同表面加工条件、不同材料强度下的表面粗糙度系数

2.3.4　表面处理的影响

疲劳裂纹大多起源于表面。因此，为了提高疲劳性能，除降低表面粗糙度以外，还可以采用各种方法在构件表面引入压缩残余应力（residual stress），以达到提高疲劳寿命的目的。

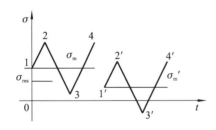

图 2.12　压缩残余应力降低循环平均应力

对于如图 2.12 所示的平均应力为 σ_m 的循环应力 1—2—3—4 来说，如果引入压缩残余应力 σ_{res}，则实际循环应力水平就是原来的循环应力与 $-\sigma_{res}$ 的叠加。因此，原来的循环应力 1—2—3—4 就转变成循环应力 1′—2′—3′—4′，平均应力降为 $\sigma_m' = \sigma_m - \sigma_{res}$，疲劳性能将得到改善。

表面喷丸处理，销、轴、螺栓类冷挤压加工，紧固件干涉配合等，都会在零、构件表面引入压缩残余应力，因此这些都是提高疲劳寿命的常用方法。材料强度越高，循环应力水平越低，寿命就会越长，延寿效果也越好。一般来说，在有应力梯度或应力集中的地方采用喷丸处理，效果会更好。

表面渗碳或渗氮处理，可以提高表面材料的强度并在材料表面引入压缩残余应力，对于提高材料疲劳性能是有利的。试验表明，渗碳或渗氮处理一般可使钢材疲劳极限提高一倍，对于缺口件，效果会更好。

不过，值得注意的是，由温度、载荷、使用时间等因素引起的应力松弛，有可能抵消在材料表面引入压缩残余应力带来的延寿效果。例如,钢在 350℃以上,铝在 150℃以上,都可能出现应力松弛。

与压缩残余应力的作用效果相反,在零、构件表面引入残余拉应力则是有害的。通常,焊接、气割、磨削等都会在零、构件表面引入残余拉应力,从而提高零、构件的实际应力水平,降低疲劳强度或缩短寿命。

镀铬或镀镍,也会在零、构件表面引入残余拉应力,使材料的疲劳极限下降,有时可下降 50% 以上。镀铬和镀镍对疲劳性能的影响的一般趋势是:材料强度越高,寿命越长,镀层厚度越大,镀后疲劳强度下降得也越多。因此必要时,可采取镀前渗氮或镀后喷丸等措施,以减小其不利影响。图 2.13 给出了镀镍和喷丸处理对某普通钢材 S-N 曲线的影响。

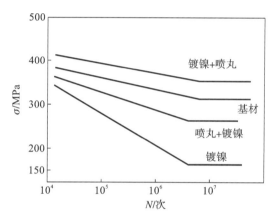

图 2.13　镀镍、喷丸及其顺序对某普通钢材疲劳性能的影响

热轧或锻造会使材料表面脱碳,强度下降,并在材料表面引入残余拉应力,从而使材料疲劳极限降低约 50%,甚至更多。而且一般来说,材料强度越高,热轧或锻造带来的影响也越大。

除此以外,镀锌或镀镉对材料疲劳性能的影响比较小,但是对腐蚀的防护效果明显比镀铬差。

2.3.5　温度和环境的影响

材料的 S-N 曲线是在试验室环境(即室温和空气环境)中得到的,在工程应用中必须考虑温度和环境腐蚀的影响。

材料在诸如海水、水蒸气、酸碱溶液等腐蚀性介质环境下发生的疲劳,称为腐蚀疲劳。腐蚀介质的作用对疲劳是不利的。在腐蚀疲劳过程中,力学作用与化学作用相互耦合,与常规的疲劳相比,破坏进程会大大加快。腐蚀环境使材料表层氧化,形成一层氧化膜。在一般情况下,氧化膜对内部材料可以起到一定的保护作用,阻止腐蚀进一步深入。但是在疲劳载荷作用下,表层的氧化膜很容易发生局部开裂,从而产生新的表面,引发再次腐蚀,并在材料表面形成腐蚀坑。腐蚀坑在材料表层引起应力集中,进而促进裂纹萌生,缩短零、构件寿命。

影响腐蚀疲劳的因素很多,主要有以下几个。

(1)加载频率的影响非常显著。对于无腐蚀的情况,在相当宽的频率范围内(如200 Hz以内),频率对材料 S-N 曲线的影响都不大。但是在腐蚀环境中,随着频率降低,载荷循环周期延长,腐蚀有较充分的时间发挥作用,从而对材料的疲劳性能带来显著影响。

(2)在腐蚀介质(如海水)中,和完全浸入状态相比,半浸入状态(如海水飞溅区)对材料疲劳性能更为不利。

(3)耐腐蚀钢材(如高铬钢)通常有较好的抗腐蚀疲劳性能,而普通碳素钢在腐蚀环境中疲劳极限下降较多。

(4)电镀层对材料腐蚀有保护作用。尽管在空气环境下镀铬会降低材料的疲劳强度,但是在腐蚀环境下却可以改善材料的疲劳性能。

金属材料的疲劳极限一般随温度的降低而增大。但是温度降低,材料的断裂韧性会下降,表现出低温脆性。因此,在低温下零、构件一旦萌生裂纹,更容易引发失稳断裂。反过来,温度升高,会降低材料的强度,还可能引起蠕变,对疲劳性能也是不利的。另外,温度升高还可能抵消引入压缩残余应力带来的改善疲劳性能的效果。

2.4　缺口疲劳

工程中实际的零、构件常常存在着不同形式的缺口,如孔洞、圆角、沟槽、台阶等。缺口处的应力集中将削弱材料局部的疲劳抵抗能力,从而吸引疲劳裂纹从这里成核。因此,研究缺口件的疲劳问题非常重要。

2.4.1　疲劳缺口系数

缺口产生的应力集中程度可以用弹性应力集中系数描述。弹性应力集中系数 K_t 是缺口处最大实际应力 σ_{max} 与该处名义应力 S 之比,即

$$K_t = \frac{\sigma_{max}}{S}$$

名义应力 S 是指不考虑缺口引入的应力集中,而按净面积计算获得的平均应力。图2.14是含中心圆孔的有限宽板的应力集中系数。弹性应力集中系数 K_t 可以借助弹性力

学分析、有限元计算或试验应力测量等方法得到,也可通过查阅有关手册获得。

疲劳缺口系数 K_f 可以定义为

$$K_f = \frac{\sigma_f}{\sigma_f{}'} \qquad (2\text{-}16)$$

式中,σ_f 为光滑件的疲劳极限,$\sigma_f{}'$ 为缺口件的疲劳极限。缺口应力集中将使得材料疲劳强度下降,因此 K_f 是一个大于1的系数。

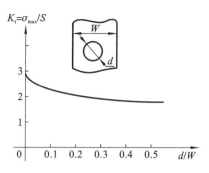

图 2.14 含中心圆孔的有限宽板的应力集中系数

很明显,疲劳缺口系数 K_f 是与弹性应力集中系数 K_t 有关的。K_t 越大,应力集中越强烈,疲劳寿命越短,K_f 也就越大。不过,试验研究的结果也表明,K_f 并不等于 K_t。因为弹性应力集中系数 K_t 只依赖于缺口和构件几何,而疲劳缺口系数 K_f 却与材料有关。

一般来说,K_f 小于 K_t。二者之关系可以表示为

$$q = \frac{K_f - 1}{K_t - 1} \qquad (2\text{-}17)$$

当 $q = 0$ 时,$K_f = 1$,于是有 $\sigma_f{}' = \sigma_f$,这表明缺口对疲劳性能无影响;而当 $q = 1$ 时,$K_f = K_t$,于是有 $\sigma_f{}' = \dfrac{\sigma_f}{K_t}$,这表明缺口对疲劳性能影响严重。因此 q 称为疲劳缺口敏感系数,其取值范围为 $0 \leqslant q \leqslant 1$。

缺口敏感系数 q 与缺口和构件几何以及材料有关,可以从有关设计手册中查得。此外,在缺口最大实际应力不超过屈服应力时,疲劳缺口敏感系数也可用下述经验公式估计:

$$q = \frac{1}{1 + \dfrac{p}{r}} \qquad (2\text{-}18)$$

或

$$q = \frac{1}{1 + \sqrt{\dfrac{a}{r}}} \qquad (2\text{-}19)$$

上两式中,r 是缺口根部半径;p、a 是与材料有关的特征长度。式(2-18)称为 Peterson 公式,式(2-19)称为 Neuber 公式。表 2.1 中列出了若干材料的特征长度值,可以看出,材料强度越高,p、a 值越小,疲劳缺口敏感系数 q 越大,缺口对材料疲劳性能的影响也越大。

表 2.1　部分钢材和铝合金的特征长度值

材料	钢材					铝合金		
σ_u /MPa	345	500	1000	1725	2000	150	300	600
a /mm	—	0.25	0.08	—	0.002	2	0.6	0.4
p /mm	10	—	—	0.03	—	—	—	—

2.4.2　缺口件 S-N 曲线的近似估计

对于两个材料相同（即 a 或 p 相同）、几何相似（即 K_t 相同）的缺口，缺口根部的半径 r 越大（即大缺口），则疲劳强度下降也越大。这是因为缺口根部半径越大，其附近高应力（如最大应力 σ_{max} 的 0.9～1 倍）区的材料体积越大，疲劳破坏的可能性也大，如图 2.15 所示。

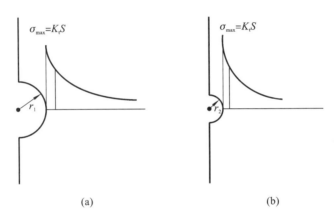

图 2.15　几何相似、不同尺寸缺口的高应力区体积

(a)缺口根部半径大；(b)缺口根部半径小

由疲劳缺口系数 K_f（或疲劳缺口敏感系数 q）可以估计缺口件疲劳极限 σ_f'。不过，如果采用 K_f 对整个 S-N 曲线进行修正，则会过于保守。例如，当寿命 $N = 10^3$ 时，定义系数 K_f' 为

$$K_f' = \frac{\sigma_{10^3}}{\sigma'_{10^3}} \tag{2-20}$$

K_f' 是当 $N = 10^3$ 时，光滑件疲劳强度 σ_{10^3} 与缺口件疲劳强度 σ'_{10^3} 之比。根据钢、铝、镁等不同材料的缺口疲劳试验结果，如图 2.16 所示，在短寿命（ $N = 10^3$ ）时，高强度材料的 $\frac{K_f' - 1}{K_f - 1}$ 约为 0.7，K_f' 比 K_f 略小；而低强度材料的 $\frac{K_f' - 1}{K_f - 1}$ 只有 0.2 左右，K_f' 比 K_f 小得多。因此，不宜用 K_f 对整条 S-N 曲线进行修正。

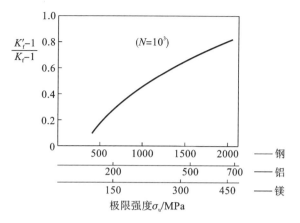

图 2.16　钢、铝、镁在不同强度下的 $\dfrac{K_f{'}-1}{K_f-1}$

当需要估计缺口件的 $S\text{-}N$ 曲线时,可以采用类似于 2.1.3 节的方法。根据式(2-20),当寿命 $N=10^3$ 时,缺口件的疲劳强度为

$$\sigma'_{10^3} = \frac{\sigma_{10^3}}{K_f{'}} \tag{2-21}$$

再假定寿命 $N=10^6$ 时,缺口件的疲劳强度为其疲劳极限。此时有

$$\sigma_f{'} = \frac{\sigma_f}{K_f} \tag{2-22}$$

由此在双对数坐标系上就可以给出一条确定的直线,即缺口件的 $S\text{-}N$ 曲线,如图 2.17(a)所示。

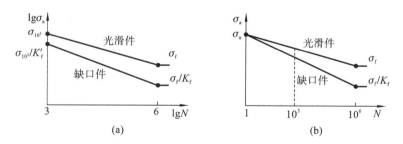

图 2.17　缺口件 $S\text{-}N$ 曲线的近似估计

如果缺少对系数 $K_f{'}$ 的估计,则可以假定 $N=1$ 时缺口件的疲劳强度为材料的极限拉伸强度,即有:

$$\sigma_1{'} = \sigma_u \tag{2-23}$$

由式(2-22)和(2-23)所估计的缺口件 $S\text{-}N$ 曲线如图 2.17(b)所示。

需要注意的是，缺口件与光滑件的强度并不相同，且 S-N 曲线反映的是材料在低应力、长寿命条件下的疲劳性能。因此，采用以上方法获得的 S-N 曲线只能估计缺口件的长寿命（即 $N > 10^3$）疲劳性能。

2.5　变幅循环载荷作用下的疲劳

对于在恒幅循环载荷下的疲劳问题，利用材料的 S-N 曲线，既可以估计零、构件在一定应力水平（应力幅 σ_a 和应力比 R）下的疲劳寿命，也可以估计对应于一定寿命的工作应力水平。然而，工程中大多数零、构件处于变幅循环载荷作用下，因此，有必要研究零、构件在变幅循环载荷作用下的疲劳寿命估计方法。

2.5.1　变幅载荷谱

在开展疲劳问题分析之前，必须首先确定零、构件或结构在工作状态下所承受的扰动载荷谱，通常有两种载荷谱确定方法。其一，借助相似零、构件，结构或它们的模型，通过测试获得在使用或模拟使用条件下各典型工况的载荷谱，然后组合获得实测载荷谱；其二，在没有适当的类似结构或模型可用的情况下，依据设计目标分析零、构件或结构的可能工作状态，结合经验估计载荷谱，这称为设计载荷谱。

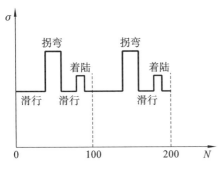

图 2.18　某飞机主轮毂变幅载荷谱的典型载荷谱块

图 2.18 为某飞机主轮毂的载荷谱示意图。根据飞机飞行姿态，主轮毂的工况可以分为滑行、拐弯、着陆等，分别对应不同的载荷水平。载荷循环次数按飞机的起落数计算。一次起落可以包含不同工况的许多变幅载荷循环。起落数与载荷循环次数之间可以相互换算。例如，根据滑行距离和机轮直径，可以计算一段滑行所对应的循环次数。图 2.18 将 100 次起落合并，作为载荷谱中一个典型的载荷循环块，其称为典型载荷谱块。整个变幅载荷谱可以看作典型载荷谱块的重复。

为了保证典型载荷谱块的代表性，统计载荷谱的服役周期不能太短。一般来说，在不同的路面上行驶的汽车，可以由"万公里"形成一个典型载荷谱块；在起降、巡航、格斗等不同状态下飞行的作战飞机，可以由"百飞行小时"形成一个典型载荷谱块；而受水位变化和潮汐等作用的海洋结构、水坝等，可以由"年"形成一个典型载荷谱块。

2.5.2　Palmgren-Miner 线性损伤累积理论

零、构件在变幅循环载荷下的寿命是由构成变幅载荷谱的不同载荷水平及其循环次数共同决定的。每一种载荷水平，每循环一次，都会对零、构件带来影响，并且对寿命做出贡献。因此，要分析零、构件在变幅循环载荷下的疲劳寿命，必须首先定量评价不同载荷水平每循环一次对零、构件寿命做出的贡献。Palmgren(1924)和 Miner(1945)先后独立提出了疲劳破坏的线性损伤累积理论(linear fatigue damage cumulative rule)，可以定量评价不同载荷水平对疲劳寿命的贡献。这就是著名的 Palmgren-Miner 线性损伤累积理论，也称为 Miner 线性损伤累积理论。

根据变幅载荷谱，可以获得对应于不同载荷水平的循环次数，如图 2.19 所示。这里引入一个物理量，即损伤(damage)，用来定量表征载荷作用后对材料造成的伤害。假设零、构件在某恒幅循环应力 σ_i 作用下寿命为 N_i，则其在经受该应力水平 n_i 次循环后受到的损伤可以定义为

$$D_i = \frac{n_i}{N_i} \tag{2-24}$$

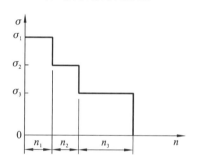

图 2.19　变幅载荷谱中对应于不同载荷水平的循环次数

很显然，在恒幅应力 σ_i 作用下，若循环次数 $n_i = 0$，则 $D_i = 0$，表示零、构件未受损伤；若 $n_i = N_i$，则 $D_i = 1$，表示零、构件在经历 N_i 次循环后完全损伤，已发生疲劳破坏。

对于变幅载荷，如果零、构件在 k 个应力水平 σ_i 作用下，各经受 n_i 次循环，则其受到的总损伤可定义为

$$D = \sum_{i=1}^{k} D_i = \sum_{i=1}^{k} \frac{n_i}{N_i} \tag{2-25}$$

并且总损伤 $D = 1$ 对应于零、构件完全损伤，疲劳破坏将发生。式(2-25)中与不同应力水平 σ_i 对应的寿命 N_i，需要根据材料的 S-N 曲线确定。

考察零、构件在包含有两种载荷水平的变幅载荷作用下的损伤累积，如图 2.20 所示，图中从坐标原点出发斜率分别为 $\frac{1}{N_1}$ 和 $\frac{1}{N_2}$ 的两条射线，分别代表两种应力水平 σ_1 和 σ_2 作用下的损伤演化直线，很明显，根据式(2-25)得到的损伤累积是线性的。

如果零、构件先在应力水平 σ_1 下经受 n_1 次循环形成损伤 D_1，再在应力水平 σ_2 下经受 n_2 次循环形成损伤 D_2，则总损伤就为 $D = D_1 + D_2 = 1$，零、构件将发生疲劳破坏，如图 2.20(a)所示。反过来，如果零、构件先在应力水平 σ_2 下经受 n_2 次循环发生损伤 D_2，再在应力水平 σ_1 下经受 n_1 次循环发生损伤 D_1，则形成的总损伤同样为 $D = D_2 + D_1 =$

1，零、构件也将发生疲劳破坏，如图 2.20(b)所示。可见，根据式(2-25)得到的损伤累积与不同载荷水平作用的先后次序无关。

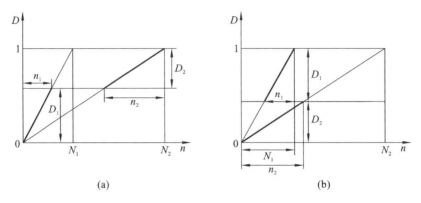

(a)　　　　　　　　　　　　　　　(b)

图 2.20　不同载荷作用次序的线性损伤累积

2.5.3　损伤累积理论的应用

利用 Palmgren-Miner 线性损伤累积理论进行疲劳分析的一般步骤如下：

（1）确定零、构件在设计寿命期的载荷谱，选取设计载荷或应力水平；

（2）选用适合的 S-N 曲线，有时候需要考虑零、构件的具体情况，对 S-N 曲线进行必要的修正；

（3）根据 S-N 曲线确定对应于不同应力水平的寿命；

（4）计算在不同应力水平的载荷作用下形成的损伤和累积后的总损伤；

（5）判断是否满足疲劳设计要求，若在设计寿命内的总损伤小于 1，则零、构件就是安全的，否则应降低应力水平或缩短使用寿命。

例 2.2　已知构件可用的 S-N 曲线为 $\sigma^2 N = 2.5 \times 10^{10}$，设计寿命期间的载荷谱如表 2.2 中前两列所列，试估计构件可承受的最大应力水平。

解　假定对应于设计载荷 F 的最大应力水平为 $\sigma = 200$ MPa，其余各级载荷水平对应的应力列于表 2.2 中的第三列。

表 2.2　例 2.2 表

设计载荷 F_i	循环数 n_i /10^6	应力水平 σ_i /MPa	对应的寿命 N_i /10^6	损伤 D_i
F	0.05	200	0.625	0.080
$0.8F$	0.1	160	0.976	0.102
$0.6F$	0.5	120	1.736	0.288

续表

设计载荷 F_i	循环数 n_i /10^6	应力水平 σ_i /MPa	对应的寿命 N_i /10^6	损伤 D_i
0.4F	5.0	80	3.306	1.280
总损伤 D				1.75

根据材料 S-N 曲线方程,可以得到对应于不同应力水平 σ_i 的寿命 N_i,如表2.2中第四列所列。计算不同应力水平 σ_i 下的损伤 D_i,结果列于表2.2中第五列。最后,求得的总损伤 $D=1.75$。这表明如果选取 $\sigma=200$ MPa 作为最大应力水平,则构件在设计寿命内的总损伤将大于1,构件将提前发生疲劳破坏。因此,需要降低应力水平,重新计算。

再假定最大应力水平为 $\sigma=150$ MPa,并按照以上步骤重新计算,得到总损伤 $D=0.985<1$。这表明在这样的应力水平下构件能够达到设计寿命,而且总损伤非常接近1,因此 $\sigma=150$ MPa 就是构件可承受的最大应力水平。

例 2.3　某构件 S-N 曲线为 $\sigma^2 N=2.5\times10^{10}$,若其一年内所承受的典型应力谱如表2.3中前两列所列,试估计其寿命。

解　假设构件的使用可以以年为周期,则其一年内所承受的应力谱可以作为典型载荷谱块,其后各年所承受的载荷就可以看作该典型载荷谱块的重复。如果构件在该谱块下的寿命为 λ 年,则总的载荷谱将包含 λ 个典型载荷谱块。因此,如果构件在该典型载荷谱块下的损伤为 $\sum_{i=1}^{k} \dfrac{n_i}{N_i}$,则整个寿命期产生的总损伤应当是

$$D=\lambda\sum_{i=1}^{k}\frac{n_i}{N_i} \tag{2-26}$$

根据 S-N 曲线方程,得到对应于不同应力水平 σ_i 的寿命 N_i,如表2.3中第三列所列。随后,计算不同应力水平 σ_i 下的损伤 D_i,列于表2.3中第四列。进一步求得构件在该典型载荷谱块下的损伤为 $\sum_{i=1}^{k} \dfrac{n_i}{N_i}=0.121$。

表 2.3　例 2.3 表

应力水平 σ_i /MPa	循环数 n_i /10^6	对应的寿命 N_i /10^6	损伤 D_i
150	0.01	1.111	0.009
120	0.05	1.736	0.029
90	0.10	3.086	0.033
60	0.35	6.944	0.050
总损伤			0.121

最后根据式(2-26)，有

$$\lambda = \frac{1}{\sum\limits_{i=1}^{k} \dfrac{n_i}{N_i}} = 8.27$$

可见构件在该典型载荷谱块下可以工作 8.27 年。

从上述两个例子可以看出，对于承受变幅载荷作用的零、构件，应用 Palmgren-Miner 线性损伤累积理论，可以解决两类问题：

(1) 已知零、构件在设计寿命期间的应力谱型，需要确定应力水平；

(2) 已知零、构件承受的典型载荷谱块，需要估算其使用寿命。

2.5.4　相对 Miner 理论

应当指出，Palmgren-Miner 线性损伤累积理论只是一种近似的、经验的理论，存在两个明显的局限：一是不能反映载荷作用次序的影响；二是零、构件在发生疲劳破坏时的损伤值为 1 的假设与大多数实际情况不符。

Walter Schutz 1972 年提出，如果考虑载荷作用次序的影响，构件发生疲劳破坏的临界条件可以表示为

$$D = \sum_{i=1}^{k} \frac{n_i}{N_i} = Q \tag{2-27}$$

式中，Q 与载荷谱型、载荷作用次序及材料分散性等都有关。一般来说，Q 的分散性很大，其取值范围大约在 0.3～3.0 之间，可以借鉴过去类似构件的使用经验或试验数据来确定，因此很自然地包含了实际载荷作用次序的影响。这就是相对 Miner 理论。在工程实际中，可以将 Q 值适当取小一些，比如在 0.1～0.5 之间，以便保有足够的安全储备。

相对 Miner 理论的实质是取消了材料发生疲劳破坏时损伤值为 1 的假定，而改由试验或过去的经验来确定，并由此估算疲劳寿命。该理论使用的条件：一是要求在经验与设计之间构件具有相似性，主要是要求构件发生疲劳破坏的高应力区存在几何相似；二是载荷谱谱型（包括载荷作用次序）相似，但是载荷大小可以不同。对于许多改进型的设计来说，如果借鉴过去的原型，则上述两点常常是可以满足的。

假设由过去的使用经验或试验，知道构件在典型载荷谱 B 谱下的寿命为 λ_B，则根据式(2-26)有

$$\lambda_B \sum_{i=1}^{k} \left(\frac{n_i}{N_i} \right)_B = Q_B$$

现在要预测另一新的、相似构件在典型载荷谱 A 谱下的寿命 λ_A。同样，根据式(2-26)有

$$\lambda_A \sum_{j=1}^{l} \left(\frac{n_j}{N_j} \right)_A = Q_A$$

如果 A 谱相似于 B 谱,则有 $Q_A = Q_B$,于是可得

$$\lambda_A = \frac{Q_A}{\sum\limits_{j=1}^{l}\left(\dfrac{n_j}{N_j}\right)_A} = \lambda_B \frac{\sum\limits_{i=1}^{k}\left(\dfrac{n_i}{N_i}\right)_B}{\sum\limits_{j=1}^{l}\left(\dfrac{n_j}{N_j}\right)_A} \tag{2-28}$$

正因为相对 Miner 理论利用了来源于使用经验或试验的 Q_B,取消了发生疲劳破坏时损伤值为 1 的人为假定,因此通常可以得到比 Palmgren-Miner 理论更好的预测。

例 2.4 已知某构件在载荷谱 B 谱下使用一年的损伤和为 $\sum\limits_{i=1}^{k}\left(\dfrac{n_i}{N_i}\right)_B = 0.121$,实际使用寿命为 6 年。现经过改型设计后构件材料不变,载荷谱 A 谱应力水平减轻,使用一年的损伤和为 $\sum\limits_{j=1}^{l}\left(\dfrac{n_j}{N_j}\right)_A = 0.08$,试分别用 Palmgren-Miner 理论和相对 Miner 理论估计其改型设计后的寿命。

解 根据 Palmgren-Miner 理论,有

$$\lambda_A \sum_{j=1}^{l}\left(\frac{n_j}{N_j}\right)_A = 1$$

求解得到

$$\lambda_A = 12.5$$

而如果利用改型设计前原构件的数据,并根据相对 Miner 理论,则

$$\lambda_A = \lambda_B \frac{\sum\limits_{i=1}^{k}\left(\dfrac{n_i}{N_i}\right)_B}{\sum\limits_{j=1}^{l}\left(\dfrac{n_j}{N_j}\right)_A} = 9.1$$

因此,用 Palmgren-Miner 理论和相对 Miner 理论估计构件改型设计后的寿命分别为 12.5 年和 9.1 年。

2.6　随机载荷谱与循环计数法

如前所述,零、构件在恒幅载荷作用下的疲劳寿命,可以利用 S-N 曲线直接估算;而在变幅载荷谱下的寿命,则可以在 S-N 曲线的基础上,进一步借助 Palmgren-Miner 线性损伤累积理论进行预测。然而,工程中经常需要面对随机载荷谱的问题,如运动中的机械承受的就是随机扰动载荷。如果能够将随机载荷谱等效转换为变幅载荷谱,则变幅载荷谱的疲劳寿命预测方法也可以用来解决随机载荷谱的问题。

2.6.1　随机载荷谱

以时间为横轴、载荷为纵轴,可以给出载荷随时间变化的曲线,又称为载荷-时间历程曲

线，这也是载荷谱的一种常见表现形式。随机载荷谱是指载荷随时间随机变化的载荷谱。图 2.21 给出了随机载荷谱的示意图。这种载荷谱，一般都需要通过典型工况实测得到。

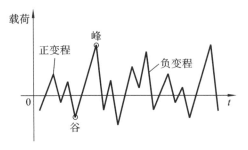

图 2.21　随机载荷谱示意图

在载荷谱中，载荷-时间历程曲线发生斜率变号的点称为反向点。从加载变为卸载，曲线斜率由正变负；从卸载变为加载，曲线斜率由负变正。一个载荷循环包含两次载荷反向。斜率由正变负的反向点，称为峰；斜率由负变正的反向点称为谷。相邻峰、谷点载荷值之差，称为载荷范围。

2.6.2　雨流计数法

将不规则的、随机的载荷-时间历程，转化成为一系列载荷循环的方法，称为循环计数法(cycle counting method)。循环计数法有很多种，雨流计数 (rain-flow counting)法是常用的一种。

假设随机载荷谱可以看作是以典型载荷谱块为基础重复的载荷-时间历程。通过雨流计数法，就可以识别出典型载荷谱块所包含的一系列载荷循环，从而可以将其转化为由这一系列载荷循环构成的变幅载荷-时间历程，即变幅载荷谱。

这里以图 2.22 所示的随机载荷谱（假设为应力谱）为例，说明如何采用雨流计数法分析其载荷循环。主要过程如下。

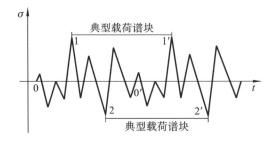

图 2.22　典型载荷谱块的选取

（1）从随机载荷谱中分别选取最大峰或谷处作为典型载荷谱块的起止点，如图2.22所示的1—1′（在最大峰处起止）或2—2′段（在最大谷处起止）。

（2）将典型载荷谱块重新画在坐标图中，并顺时针旋转90°，如图2.23所示。将载荷-时间历程曲线看作一个多层屋顶，假想有雨滴从最大峰或谷处开始，顺着屋面往下流。当雨滴流至该层屋面的端点时，若无下层屋面阻挡，则雨滴会反向；若有下层屋面阻挡，则雨滴落至下层屋面，随后继续顺着该层屋面往下流。在图2.23(a)中，雨滴首先从最大峰 A 处开始，沿屋面 AB 流动；到达 B 点后，下面有屋面 CD 阻挡，因此落至屋面 CD；顺着屋面 CD 流至端点 D 处后，因为下面再无其他屋面阻挡，雨滴反向沿屋面 DE 流动至 E 处；又遇屋面 JA 阻挡，继续下落至屋面 JA'，最后顺着屋面 JA' 流至 A'。雨滴走过的路径即为 $ABDEA'$。

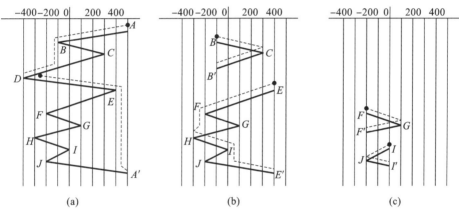

图 2.23　雨流计数的主要过程
(a)第一次雨流；(b)第二次雨流；(c)第三次雨流

（3）记录雨滴流过的最大峰、谷值，并将雨滴走过的路径作为一个完整的载荷循环。该载荷循环的主要参量，如应力范围和平均应力，可从图中读出。载荷循环 ADA' 的应力范围 $\Delta\sigma = 900$ MPa，平均应力 $\sigma_m = 50$ MPa。

（4）从载荷-时间历程曲线中删除雨滴已经流过的部分，然后对剩余的各段曲线，重复上述雨流计数过程，直至再无曲线剩余为止。进行第二次雨流计数，可以获得载荷循环 BCB' 和 EHE'，如图2.23(b)所示。再进行第三次雨流计数，又可以得到载荷循环 FGF' 和 IJI'，如图2.23(c)所示。至此，再无曲线剩余，计数完毕。

最后，将雨流计数后获得的载荷循环和载荷参量（包括应力范围和平均应力）列入表2.4中。雨流计数采用的是双参数计数，有了应力范围和平均应力这两个参数，载荷循环就可以完全确定了。

表 2.4　雨流计数后的结果

载荷循环	应力范围 $\Delta\sigma$ /MPa	平均应力 σ_m /MPa
ADA'	900	50
BCB'	400	100
EHE'	700	50
FGF'	300	-50
IJI'	200	-100

2.6.3　不同载荷之间的相互转换

经过雨流计数以后，随机载荷谱被转化成由很多级载荷水平不同的载荷循环组成的变幅载荷谱。如果需要进一步将载荷谱简化为有限的载荷等级，就会涉及不同载荷之间的相互转换问题。

不同载荷之间的相互转换必须遵守损伤等效（fatigue damage equivalence）的原则。如果需要将在应力水平 σ_{a1} 下循环 n_1 次的载荷，转换成在 σ_{a2} 下循环 n_2 次的载荷，则根据损伤等效原则，需要使转换后在 σ_{a2} 下循环 n_2 次的疲劳损伤 $\dfrac{n_2}{N_2}$ 与原来在 σ_{a1} 下循环 n_1 次的疲劳损伤 $\dfrac{n_1}{N_1}$ 相等，即

$$\frac{n_1}{N_1} = \frac{n_2}{N_2}$$

因此有

$$n_2 = n_1 \frac{N_2}{N_1} \tag{2-29}$$

式中，N_1、N_2 分别为在应力水平（σ_{a1}、R_1）和（σ_{a2}、R_2）下循环至破坏的寿命。

若转换时应力比不变，即有 $R_2 = R_1$，则 N_1 和 N_2 可以由同一条 $S\text{-}N$ 曲线获得。如果 $S\text{-}N$ 曲线采用 Basquin 公式表示，则根据式（2-29）就有

$$n_2 = n_1 \left(\frac{\sigma_{a1}}{\sigma_{a2}}\right)^m \tag{2-30}$$

应当指出，载荷间的转换总会带来一些误差，因此载荷转换的次数不宜过多。

例 2.5　某焊接结构钢的基本 $S\text{-}N$ 曲线为 $\sigma^2 N = 2.5 \times 10^{10}$，$\sigma_u = 300$ MPa。结构承受 $R_1 = -1$、$\sigma_{a1} = 90$ MPa 的载荷 $n_1 = 10^6$ 次循环，试估计转换成 $R_2 = 0$、$\sigma_{a2} = 100$ MPa 的载荷时的循环次数 n_2。

解　以损伤等效原则为基础的载荷转换，需要用到 $S\text{-}N$ 曲线。然而，本问题中，$R =$

0 的 $S\text{-}N$ 曲线未知。因此,需要先将作用 n_2 次、$R = 0$ 的疲劳载荷循环 $\sigma_{a2} = 100$ MPa 、 $\sigma_{m2} = 100$MPa ,等寿命地转换为作用 n_2 次、$R = -1$ 的疲劳载荷循环 σ_a(待求)、$\sigma_m = 0$ 。

根据式(2-13)的 Goodman 直线方程,有

$$\frac{\sigma_{a2}}{\sigma_a} + \frac{\sigma_{m2}}{\sigma_u} = 1$$

求得 $\sigma_a = 150$ MPa 。

因为上述转换是等寿命的,而且二者作用次数同为 n_2 ,因此该转换也一定是等损伤的。

由此,要将工作载荷条件 $\sigma_{a1} = 90$ MPa 、$\sigma_{m1} = 0$ 、$n_1 = 10^6$ 等损伤转换为载荷条件 $\sigma_{a2} = 100$ MPa 、$\sigma_{m2} = 100$ MPa 、n_2 ,可以先将其等损伤转换为载荷条件 $\sigma_a = 150$ MPa 、 $\sigma_m = 0$ 、n_2 ,而这是在相同的应力比 $R = -1$ 下进行的。

利用式(2-30)有 $n_2 = 0.36 \times 10^6$ 。

因此,转换后的载荷条件为 $\sigma_{a2} = 100$ MPa 、$\sigma_{m2} = 100$ MPa 、$n_2 = 0.36 \times 10^6$ 。

小　　结

(1)高周疲劳是应力水平较低($\sigma_{max} < \sigma_s$)的长寿命($N > 10^4$)疲劳。

(2)$S\text{-}N$ 曲线可以描述材料疲劳性能,基本 $S\text{-}N$ 曲线是 $R = -1$ 时的 $S\text{-}N$ 曲线。

(3)疲劳极限是寿命趋于无穷大时所对应的疲劳强度,是无限寿命设计的基础。

(4)平均应力大是有害的,采用挤压、喷丸处理等引入压缩残余应力,可以改善疲劳性能。

(5)缺口应力集中将降低疲劳强度,从而缩短寿命。材料强度越高,缺口根部半径越大,缺口对疲劳强度的影响也越大。

(6)Goodman 直线或 Gerber 曲线方程在等寿命条件下反映平均应力的影响。

(7)不同载荷之间的相互转换需要遵循损伤等效的原则。

(8)Palmgren-Miner 线性损伤累积理论可以定量评价不同载荷循环对寿命的贡献,因此适合变幅载荷下的寿命估算。

(9)借助雨流计数法可以将随机载荷谱转化为变幅载荷谱。

思考题与习题

2-1 若疲劳试验频率选取为 $f = 20$ Hz ,试估算施加 10^6 次载荷循环需要多少小时。

2-2　7075-T6 铝合金等寿命疲劳图如图 2.9 所示,针对两种情况:

(a) $R = 0.2$ 、$N = 10^6$;

(b) $R = -0.4$ 、$N = 10^5$ 。

分别估计相应的应力水平 σ_{max} 、σ_{min} 、σ_a 和 σ_m 。

2-3　依据图 2.9 所示的等寿命疲劳图,试画出 7075-T6 铝合金在 $R = -1$ 和 $R = 0$ 时的 S-N 曲线。

2-4　表 2.5 列出了三种材料的旋转弯曲疲劳试验结果,试将数据绘于双对数坐标纸上,并与由 $\sigma_{10^3} = 0.9\sigma_u$ 和 $\sigma_{10^6} = 0.5\sigma_u$ 估计的 S-N 曲线进行比较。

表 2.5　习题 2-4 表

A $\sigma_u = 430$ MPa		B $\sigma_u = 715$ MPa		C $\sigma_u = 1260$ MPa	
σ_a /MPa	N /10^5	σ_a /MPa	N /10^5	σ_a /MPa	N /10^5
225	0.45	570	0.44	770	0.24
212	2.40	523	0.85	735	0.31
195	8.00	501	1.40	700	0.45
181	15.00	453	6.30	686	0.87
178	27.00	435	19.00	665	1.50
171	78.00	417	29.00	644	1000.00*
168	260.00	412	74.00	—	—

注: * 表示未破坏。

2-5　某极限强度 $\sigma_u = 860$ MPa 的镍钢在寿命 $N = 10^7$ 时的试验应力值如表 2.6 所示,试作 Haigh 图,并将数据与 Goodman 直线进行比较。

表 2.6　习题 2-5 表

σ_{max} /MPa	420	476	482	581	672	700	707
σ_{min} /MPa	-420	-378	-308	-231	0	203	357

2-6　什么是 Palmgren-Miner 线性损伤累积理论？什么是相对 Miner 线性损伤累积理论？试说明其应用。

2-7　试述雨流计数法及其合理性。

2-8　某构件承受循环应力 $\sigma_{max} = 525$ MPa 、$\sigma_{min} = -35$ MPa 的作用,材料极限强度 $\sigma_u = 700$ MPa,假定在对称循环条件下有 $\sigma_{10^3} = 0.9\sigma_u$ 和 $\sigma_{10^6} = 0.5\sigma_u$,试估算构件的寿命。

2-9　某起重杆承受脉冲循环（$R=0$）载荷作用，每年作用载荷谱统计如表 2.7 所示，$S\text{-}N$ 曲线可用 $\sigma_{max}^3 N = 2.9 \times 10^{13}$，试估算：(a)拉杆的寿命为多少年？(b)当使用寿命为 5 年时可允许的 σ_{max}。

表 2.7　习题 2-9 表

σ_{max} /MPa	500	400	300	200
每年工作循环 n_1 /10^6	0.01	0.03	0.1	0.5

2-10　试用雨流计数法为图 2.24 所示的载荷谱计数，并指出各循环的应力范围 $\Delta\sigma$ 和平均应力 σ_m。

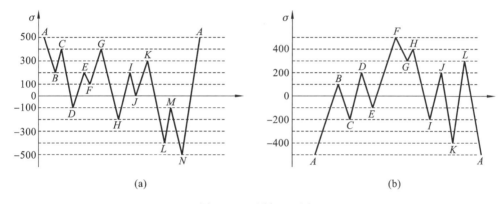

图 2.24　习题 2-10 图

第 3 章　疲劳应用统计学基础

在疲劳研究和分析中,需要开展大量的试验,然而疲劳试验数据常常有很大的分散性。只有利用统计分析方法对这些数据进行处理,才能够对材料或构件的疲劳性能有比较清楚的了解。

3.1　疲劳数据的分散性

Sinclair 和 Dolan 于 1953 年开展了 7075-T6 铝合金光滑试件恒幅对称循环疲劳的试验研究。试件数量共 174 件,分为 5 组,分别开展 207 MPa、240 MPa、275 MPa、310 MPa 和 430 MPa 5 种应力(应力幅)水平下的疲劳试验,每组试件数量分别为 57、29、34、29 和 25。以寿命为横轴、应力幅为纵轴,建立坐标系,将在不同应力水平下获得的寿命在坐标系中描点,可以获得不同应力水平下的寿命分布,如图 3.1 所示。可以看出,在 207 MPa 的应力水平下,试件寿命为 $2\times10^6\sim10^8$ 周次循环;在 240 MPa 的应力水平下,寿命为 $7\times10^5\sim4\times10^6$ 周次循环;在 275 MPa 的应力水平下,寿命为 $10^5\sim8\times10^5$ 周次;在 310 MPa 的应力水平下,寿命为 $4\times10^4\sim10^5$ 周次;在 430 MPa的应力水平下,寿命为 $1.5\times10^4\sim2\times10^4$ 周次。很明显,循环应力水平越低,寿命越长,寿命的分散性就越大。在同样的应力水平下,疲劳寿命可以相差几倍,甚至几十倍。

将对数寿命等分为若干个区间,统计在不同应力水平下试件寿命落在各区间内的频数。以对数寿命为横轴、寿命在各区间的频数为纵轴,建立坐标系,可以画出寿命分布直方图。图 3.2 所示为试件在 207 MPa 应力水平下的寿命分布直方图。可以看出,在给定应力水平下的对数寿命分布近似呈正态分布,可以用正态分布函数描述。这也就是说,试件在给定应力水平下的寿命可以用对数正态分布函数描述。

疲劳寿命数据分散的原因很多。材质本身的不均匀性、试件加工质量(尤其是表面粗糙度)及其尺寸的差异、试验载荷误差、试验环境(温度、湿度等)及其他因素的变化等,都可能引起寿命的分散。

大量疲劳试验表明,缺口件的寿命分散性比光滑件的小,裂纹扩展寿命的分散性则更小一些。这是因为裂纹件或缺口件的疲劳破坏局限在裂纹或缺口高应力局部,材质本身的不均匀性及试件加工质量等因素对其寿命的影响相对较小。

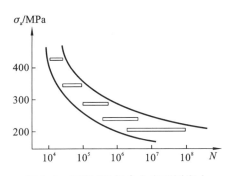

图 3.1　7075-T6 铝合金在不同应力
水平下的寿命分布

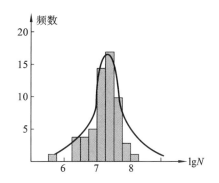

图 3.2　7075-T6 铝合金在 207 MPa 应力
水平下的寿命分布直方图

3.2　正 态 分 布

正态分布(normal distribution)也称高斯分布(Gaussian distribution)。对数疲劳寿命 $\lg N$ 常常是服从正态分布的。令 $X = \lg N$，即可利用正态分布理论进行对数疲劳寿命的统计分析。

3.2.1　密度函数和分布函数

若随机变量 X 服从正态分布,则其概率密度函数(或称频率函数)可以表示为

$$f(x) = \frac{1}{\rho \sqrt{2\pi}} e^{-\frac{(x-\mu)^2}{2\rho^2}} \quad x \in (-\infty, \infty) \tag{3-1}$$

式中, μ 是平均值; ρ 为标准差。

正态分布概率密度函数曲线是关于 $x = \mu$ 对称的,如图 3.3 所示,并且函数在 $x = \mu$ 处取到最大值 $\frac{1}{\rho \sqrt{2\pi}}$ 。可见, ρ 越小,在 $x = \mu$ 附近取值的可能性越大,密度函数曲线越"瘦", X 的分散性越小。因此,标准差 ρ 反映随机变量 X 的分散性。

概率密度函数具有以下性质。

(1) $f(x) \geqslant 0$ 。 $f(x)$ 表示随机变量 X 取到 x 的频繁程度,对于所有可能取值, $f(x)$ 显然是非负的。

(2) $\int_{-\infty}^{\infty} f(x) \mathrm{d}x = 1$,即曲线 $f(x)$ 下方的总面积为 1。

正态分布函数为

$$F(x) = \int_{-\infty}^{x} \frac{1}{\rho\sqrt{2\pi}} e^{-\frac{(x-\mu)^2}{2\rho^2}} \mathrm{d}x \qquad (3\text{-}2)$$

正态分布函数 $F(x)$ 表示随机变量 X 取值小于等于 x 的概率，在图3.3中就是图形在 $X = x$ 左侧部分的面积。显然，随机变量 X 取值大于 x 的概率为 $1 - F(x)$。

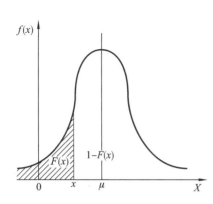

图3.3　正态分布概率密度函数

3.2.2　标准正态分布

在式(3-1)中做变量代换，令 $u = \dfrac{x-\mu}{\rho}$，则有

$$x = \mu + u\rho \qquad (3\text{-}3)$$

注意到 $\mathrm{d}x = \rho \mathrm{d}u$，根据密度函数变换公式，可以得到变量 u 的密度函数。

$$\phi(u) = f(x)\frac{\mathrm{d}x}{\mathrm{d}u} = \frac{1}{\sqrt{2\pi}} e^{-\frac{u^2}{2}} \quad u \in (-\infty, \infty) \qquad (3\text{-}4)$$

可见，随机变量 u 服从平均值 $\mu = 0$、标准差 $\rho = 1$ 的正态分布。$\phi(u)$ 称为标准正态分布 (standard normal distribution) 概率密度函数，如图3.4所示，它是关于纵轴 $u = 0$ 对称的。

标准正态分布函数为

$$\Phi(u) = \int_{-\infty}^{u} \frac{1}{\sqrt{2\pi}} e^{-\frac{u^2}{2}} \mathrm{d}u = \Phi\left(\frac{x-\mu}{\rho}\right) \quad (3\text{-}5)$$

根据图3.4，并注意到其对称性，有 $\Phi(0) = 0.5$，$\Phi(-u) = 1 - \Phi(u)$。注意到式(3-3)的变换是一一对应的，因此随机变量 $X \leqslant x$ 的概率与随机变量 $U \leqslant u$ 的概率相等，即

$$F(x) = \Phi(u) \qquad (3\text{-}6)$$

可见，要求正态分布函数 $F(x)$，只需求标准正态分布函数 $\Phi(u)$ 即可。

标准正态分布函数 $\Phi(u)$ 的值可以由标准正态分布函数表查得。表3.1列出了一些常用值。

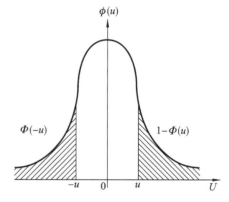

图3.4　标准正态分布概率密度函数

表3.1　标准正态分布函数的一些常用值

u	$\Phi(u) \times 100$	u	$\Phi(u) \times 100$	u	$\Phi(u) \times 100$	u	$\Phi(u) \times 100$
-3.719	0.01	-1.282	10.00	0.253	60.00	2.000	97.72
-3.090	0.10	-1.000	15.87	0.524	70.00	2.326	99.00

续表

u	$\Phi(u) \times 100$	u	$\Phi(u) \times 100$	u	$\Phi(u) \times 100$	u	$\Phi(u) \times 100$
-3.000	0.13	-0.842	20.00	0.842	80.00	3.000	99.87
-2.326	1.00	-0.524	30.00	1.000	84.13	3.090	99.90
-2.000	2.28	-0.253	40.00	1.282	90.00	3.719	99.99
-1.645	5.00	0	50.00	1.645	95.00	—	—

u 和 $\Phi(u)$ 之间的关系还可以用一些数值拟合的近似表达式表达。例如

$$\Phi(u) = 1 - e^{-(0.86534 - 0.41263u)^{2.534}} \quad u \geqslant 0$$

$$u = \frac{1}{0.41263} \{\ln [1 - \Phi(u)]^{0.394633} - 0.86534\} \quad \Phi(u) \geqslant 0.5$$

(3-7)

如果 $u < 0$ 或 $\Phi(u) < 0.5$,还可以利用 $\Phi(-u) = 1 - \Phi(u)$ 的关系求解。

3.2.3 给定疲劳寿命下的失效概率估计

疲劳统计分析的任务是要回答:在给定的应力水平下,寿命为 N 时的失效概率 P_f 或存活概率 P_s 是多少? 或者说,在给定的失效概率 P_f 或存活概率 P_s 下的寿命 N 是多少?

寿命为 N 时的失效概率 P_f 是指在给定的应力水平下,寿命小于某一寿命 N 的概率。相反,寿命为 N 时的存活概率 P_s 是指在给定的应力水平下,寿命不小于(即大于或等于)某一寿命 N 的概率。因此,很明显有 $P_f + P_s = 1$。

假设对数疲劳寿命服从正态分布,下面来讨论如何回答上述问题。

首先,需要确定分布参数,即平均值 μ 和标准差 ρ。一般来说,总体的分布参数常常是得不到的,只能根据来自总体的样本数据来估计。

定义样本寿命数据平均值为

$$\bar{x} = \frac{1}{n} \sum_{i=1}^{n} x_i \quad i = 1, 2, \cdots, n$$

(3-8)

式中,x_i 是样本中第 i 个对数寿命数据,即 $x_i = \lg N_i$;n 是样本数据个数,称为样本大小(或样本容量)。

定义样本寿命数据方差为

$$s^2 = \frac{1}{n-1} \sum_{i=1}^{n} (x_i - \bar{x})^2$$

(3-9)

方差 s^2 的平方根 s,称为样本标准差,反映样本数据的分散性。根据式(3-8),所有 n 个样本数据 x_i 与平均值 $\bar{x}$ 之间的偏差 $x_i - \bar{x}$ 的总和一定为零,因此只有 $n-1$ 个偏差是独立的。样本容量 n 越大,平均值 $\bar{x}$ 和标准差 s 就越接近于总体平均值 μ 和标准差 ρ。

假定对数疲劳寿命 $X = \lg N$ 是服从正态分布的,则只要利用一组样本观测数据计算出样本平均值 $\bar{x}$ 和标准差 s,并将它们分别作为总体平均值 μ 和标准差 ρ 的估计量,即可得到具有某给定失效(或存活)概率下的寿命或某给定寿命所对应的失效(或存活)概率。

根据式(3-3),与失效概率 P_f 对应的对数疲劳寿命 x_p 为

$$x_p = \mu + u_p \rho$$

式中,u_p 是根据式(3-6)与失效概率 P_f 对应的标准正态分布变量的值,即有 $P_f = \Phi(u_p)$。如果用样本平均值 $\bar{x}$ 和标准差 s 代替总体平均值 μ 和标准差 ρ,则失效概率为 P_f 的对数疲劳寿命 x_p 可以由下式估计。

$$x_p = \bar{x} + u_p s \tag{3-10}$$

反过来,也可以根据式(3-10)估计给定寿命下的 u_p,进而估计相应的失效概率 P_f 或存活概率 P_s。

例 3.1　在某一给定应力水平下,测得一组(10 件)试件的疲劳寿命 N_i 为:124,134,135,138,140,147,154,160,166,181 千周,试确定存活概率为 99.9% 的安全寿命 N。

解　将试验所得寿命数据 N_i 按从小到大的顺序列于表 3.2 中,计算 x_i 和 x_i^2 并求和。

(1)根据式(3-8)和式(3-9)计算样本平均值 $\bar{x}$ 和标准差 s:

$$\bar{x} = \frac{1}{n} \sum_{i=1}^{n} x_i = 2.1674$$

$$s = \sqrt{\frac{1}{n-1} \sum_{i=1}^{n} (x_i - \bar{x})^2} = \sqrt{\frac{1}{n-1} \left(\sum_{i=1}^{n} x_i^2 - n\bar{x}^2 \right)} = 0.05$$

表 3.2　例 3.1 表

序号 i	$N_i / 10^3$	$x_i = \lg N_i$	x_i^2	$\dfrac{i}{n+1}$
1	124	2.0934	4.3823	0.0909
2	134	2.1271	4.5246	0.1818
3	135	2.1303	4.5382	0.2727
4	138	2.1399	4.5792	0.3636
5	140	2.1461	4.6057	0.4545
6	147	2.1673	4.6972	0.5455
7	154	2.1875	4.7852	0.6364
8	160	2.2041	4.8581	0.7273
9	166	2.2201	4.9288	0.8182
10	181	2.2577	5.0972	0.9091
Σ	—	21.6735	46.9965	—

（2）利用表 3.1 确定与失效概率 $P_f = 0.1\%$ 对应的 u_p，得

$$u_p = -3.09$$

（3）利用式(3-10)估计在给定应力水平下，$P_f = 0.1\%$ 或 $P_s = 99.9\%$ 的对数寿命：

$$x_p = \bar{x} + u_p s = 2.013$$

因此，失效概率为 0.1% 或存活概率为 99.9% 的安全寿命为

$$N_p = \lg^{-1} x_p = 103（千周）$$

3.2.4 置信水平

以上讨论的给定失效（或存活）概率下的寿命，或给定寿命所对应的失效（或存活）概率的估计方法，是以样本参数（$\bar{x}$，s）代替总体参数（μ，ρ）为基础的。这样的估计自然会与直接采用总体参数得到的结果（或称真值）存在偏差。很显然，如果寿命的估计值大于真值，则意味着对寿命做出了偏于危险的估计。因此，有必要研究估计量是否小于真值，或者估计量小于真值的概率有多大。

假设寿命估计值小于真值的概率为 γ，则 γ 称为这一估计的置信度。置信度 γ 通常取为 90% 或 95%。将失效概率为 P_f、置信度为 γ 的对数寿命写为

$$x_{p(\gamma)} = \bar{x} + ks \tag{3-11}$$

这里，k 称为单侧容限系数。若取 $\gamma = 95\%$，则意味着在由 100 次抽样而获得的 100 个样本数据中，所估计的 100 个寿命，有 95 个小于真值。因此，可以有 95% 的把握认为，寿命估计值小于真值。可见，安全寿命的失效概率 P_f 是针对样本中的个体而言的，而置信度 γ 却是针对样本本身来说的。

单侧容限系数 k 可以根据下式确定：

$$k = \frac{u_p - u_\gamma \left\{ \frac{1}{n} \left[1 - \frac{u_\gamma^2}{2(n-1)} \right] + \frac{u_p^2}{2(n-1)} \right\}}{1 - \frac{u_\gamma^2}{2(n-1)}} \tag{3-12}$$

式中，u_γ 是与置信度 γ 相关的标准正态分布变量的值，可由正态分布函数表查得。表 3.3 给出了一些常用的单侧容限系数值。

由式(3-12)可知，若 $u_\gamma = 0$，对应的置信度 $\gamma = 50\%$，则 $k = u_p$，这说明按式(3-10)估计的安全寿命置信度只有 50%。因此，在例 3.1 中做出的存活概率为 99.9% 的安全寿命 $N_p = 103$ 千周的估计，只有 50% 的把握。若要估计置信度 $\gamma = 95\%$、存活概率为 99.9% 的安全寿命，可先由 $n = 10$、$P_f = 0.1\%$、$\gamma = 95\%$，查表 3.3 得到 $k = -5.156$，再由式 (3-11)求得：

$$x_{p(\gamma)} = \bar{x} + ks = 1.9096$$

$$N_{p(\gamma)} = \lg^{-1} x_{p(\gamma)} = 81.2（千周）$$

据此,才可以有95%的把握说,在该应力水平下,至少有99.9%的疲劳寿命大于81.2千周。

表3.3　一些常用的单侧容限系数值

样本容量 n	失效概率 P_f					
	0.1		0.01		0.001	
	置信度 γ		置信度 γ		置信度 γ	
	90%	95%	90%	95%	90%	95%
5	−2.585	−3.382	−4.400	−5.750	−5.763	−7.532
6	−2.379	−2.964	−4.048	−5.025	−5.301	−6.579
7	−2.244	−2.712	−3.822	−4.595	−5.005	−6.012
8	−2.145	−2.542	−3.658	−4.307	−4.793	−5.635
9	−2.071	−2.417	−3.537	−4.098	−4.635	−5.363
10	−2.012	−2.322	−3.442	−3.940	−4.511	−5.156
12	−1.925	−2.183	−3.301	−3.712	−4.330	−4.859
14	−1.862	−2.086	−3.201	−3.554	−4.200	−4.655
16	−1.814	−2.013	−3.124	−3.437	−4.102	−4.504
18	−1.776	−1.957	−3.064	−3.347	−4.025	−4.387
20	−1.754	−1.911	−3.035	−3.274	−3.990	−4.293

3.2.5　正态概率坐标纸

上述分析是以对数疲劳寿命服从正态分布为前提的。那么,如何检验对数疲劳寿命是否服从正态分布呢? 正态概率坐标纸可以帮助我们做出判断。

设某随机变量 X 服从正态分布,根据式(3-2), $F(x)$ 与 x 之间的关系是非线性的。以 x 为横轴、失效概率 P_f(分布函数 $F(x)$)为纵轴,建立概率坐标纸。然而,要使 $F(x)$ 与 x 在概率坐标纸上有线性关系,就必须调整坐标标度。根据式(3-3), u 与 x 之间具有线性关系,因此可以先在坐标纸右侧以 u 为纵轴,如图3.5所示,然后根据 u 标定 $F(x)$,则 u 与 x 之间的线性关系能够保持。这样建立的概率坐标纸称为正态概率坐标纸。 $F(x)$ 与 x 之间的关系在正态概率坐标纸上必然是线性的。

利用正态概率坐标纸检验随机变量 X 是否服从正态分布,需要先将 $x_i \sim F(x_i)$ 数据点描在坐标纸上,然后判断它们是否具有线性关系。失效概率 P_f(或分布函数 $F(x)$)采用均秩方法估计。将样本容量为 n 的寿命数据 x_i 按由小到大的顺序排列,它们将寿命取

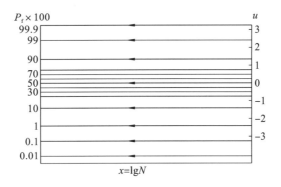

图 3.5　正态概率坐标纸

值范围划分为 $n+1$ 个区间,假设寿命落在每个区间的概率相等,则无论寿命服从何种分布,与 x_i 对应的失效概率均可由下式估计:

$$P_{\text{f}i} = \frac{i}{n+1} \tag{3-13}$$

式中,i 为样本数据 x_i 从小到大排列的序号。

　　将例 3.1 中疲劳数据所对应的失效概率做均秩估计,结果列于表 3.2 中最后一列。根据表 3.2 中的 $x_i \sim F(x_i)$ 数据,在正态概率坐标纸上描点,如图 3.6 所示。可以看出,图中的数据点基本呈一条直线,因此可以认为对数疲劳寿命 X 服从正态分布。利用图 3.6,还可以获得样本参数的估计值。50% 的失效概率所对应的 x 值就是样本平均值 $\bar{x}$,有 $\bar{x} = 2.167$。由于 $x \sim u$ 坐标在正态概率坐标纸上通常并非等距离标定,因此不能直接根据其斜率来确定样本标准差 s。考虑到失效概率 $P_{\text{f}} = 15.87\%$ 时,$u_p = -1$,而此时对应的 $x_p = 2.114$,利用式(3-10),可得到样本标准差 s。

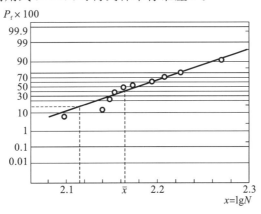

图 3.6　正态概率坐标纸的应用

$$s = \frac{x_p - \bar{x}}{u_p} = 0.053$$

这与例 3.1 中的计算结果基本一致。从图 3.6 中还可以直接查得给定失效概率（或存活概率）下的寿命。

最后，应当指出，在利用容量较小的疲劳数据样本外推低失效概率下的疲劳寿命时，由于低应力水平下的寿命分散大，可能出现一些不合理的结果。因此，外推必须十分谨慎。

3.3　威布尔分布

正态分布在描述疲劳寿命的分布时，不能反映构件疲劳寿命有一个大于等于零的下限这一物理事实。威布尔分布（Weibull distribution）可以弥补这一不足。威布尔分布是 Waloddi Weibull 于 1951 年在研究滚珠轴承的疲劳寿命分布时提出的，现已得到广泛的应用。

3.3.1　密度函数和分布函数

威布尔分布的密度函数可以表示为

$$f(N) = \frac{b}{N_a - N_0} \left(\frac{N - N_0}{N_a - N_0} \right)^{b-1} \mathrm{e}^{-\left(\frac{N-N_0}{N_a-N_0} \right)^b} \quad N \geqslant N_0 \tag{3-14}$$

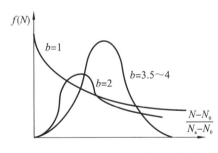

图 3.7　威布尔分布密度函数曲线

式中，N_0、N_a 和 b 是描述威布尔分布的三个参数。N_0 是下限，称为最小寿命参数；N_a 反映数据 N 的分散性，称为尺度参数；b 控制密度函数曲线的形状，称为形状参数。当 $b = 1$ 时，密度函数为指数分布；当 $b = 2$ 时，密度函数为 Reyleigh 分布；而当 b 为 3.5～4 时，密度函数曲线形状与正态分布非常接近，如图 3.7 所示。

如同前面讨论正态分布一样，我们关心的是在疲劳寿命 N 之前破坏的概率，或者寿命小于等于 N 的失效概率 P_f 或分布函数 $F(N)$。

$$F(N) = \int_{N_0}^{N} \frac{b}{N_a - N_0} \left(\frac{N - N_0}{N_a - N_0} \right)^{b-1} \mathrm{e}^{-\left(\frac{N-N_0}{N_a-N_0} \right)^b} \mathrm{d}N \tag{3-15}$$

令 $x = \dfrac{N - N_0}{N_a - N_0}$，则有 $\mathrm{d}N = (N_a - N_0)\mathrm{d}x$。由式（3-15）可得

$$F(x) = \int_0^x \frac{b}{N_a - N_0} x^{b-1} \mathrm{e}^{-x^b} (N_a - N_0) \mathrm{d}x$$

$$= -\int_0^x \mathrm{e}^{-x^b} \mathrm{d}(-x^b)$$

$$= 1 - \mathrm{e}^{-x^b}$$

注意到 $F(N) = F(x)$，则威布尔分布函数为

$$F(N) = 1 - \mathrm{e}^{-\left(\frac{N-N_0}{N_a-N_0}\right)^b} \tag{3-16}$$

根据式(3-16)，当 $N = N_0$ 时，$F(N_0) = 0$，即疲劳寿命小于 N_0 的失效概率为零，故 N_0 是最小寿命参数；当 $N = N_a$ 时，$F(N_a) = 0.632$，即疲劳寿命小于 N_a 的失效概率恒为 63.2% 而与其他参数无关，所以 N_a 也称为特征寿命参数。

将式(3-16)改写为

$$\frac{1}{1 - F(N)} = \mathrm{e}^{\left(\frac{N-N_0}{N_a-N_0}\right)^b}$$

取二次对数，可以得到

$$\lg\lg [1 - F(N)]^{-1} = b\lg(N - N_0) + \lg\lg\mathrm{e} - b\lg(N_a - N_0) \tag{3-17}$$

式(3-17)表示，$\lg\lg [1 - F(N)]^{-1}$ 和 $\lg(N - N_0)$ 之间有线性关系。或者说，在双对数图中，$\lg [1 - F(N)]^{-1}$ 和 $(N - N_0)$ 之间有线性关系。b 是直线的斜率，也称为斜率参数。若令 $N_0 = 0$，则根据式(3-16)有

$$F(N) = 1 - \mathrm{e}^{-\left(\frac{N}{N_a}\right)^b} \tag{3-18}$$

这是二参数的威布尔分布函数，分布函数得到简化。

3.3.2　分布参数的图解估计

如何判断疲劳寿命 N 是否服从威布尔分布？如果服从威布尔分布，那么又如何确定其分布参数？只有解决了这两个问题，才能利用威布尔分布来进行疲劳寿命的统计估计。

式(3-16)给出了寿命 N 与寿命小于 N 的分布函数 $F(N)$ 或失效概率 P_f 之间的关系，显然非线性的。但是取二次对数后获得的式(3-17)却表明，$\lg\lg [1 - F(N)]^{-1}$ 和 $\lg(N - N_0)$ 之间有线性关系。

因此，如果 N 服从威布尔分布，则在以 $\lg\lg [1 - F(N)]^{-1}$ 和 $\lg(N - N_0)$ 为纵、横坐标的坐标图中，应有线性关系存在。在图 3.8 中，$\lg(N - N_0)$ 为横坐标、$\lg\lg [1 - F(N)]^{-1}$ 为右纵坐标。$\lg\lg [1 - F(N)]^{-1}$ 与 $F(N)$ 是一一对应的，根据表 3.4 给出的对应关系，由 $\lg\lg [1 - F(N)]^{-1}$ 坐标去标定坐标图中的左纵坐标 $F(N)$，即可得到表示 $N \sim F(N)$ 关系的威布尔概率坐标纸。在威布尔概率坐标纸上，若 N 服从威布尔分布，则 $N \sim F(N)$ 关系是线性的。

表 3.4　$F(N)$ 与 $\lg\lg[1-F(N)]^{-1}$ 的对应关系

$F(N)$	$\lg\lg[1-F(N)]^{-1}$	$F(N)$	$\lg\lg[1-F(N)]^{-1}$
0.9	0	0.4	-0.654
0.8	-0.156	0.3	-0.810
0.7	-0.282	0.2	-1.014
0.632	-0.362	0.1	-1.339
0.6	-0.400	0.05	-1.652
0.5	-0.521	0.01	-2.360

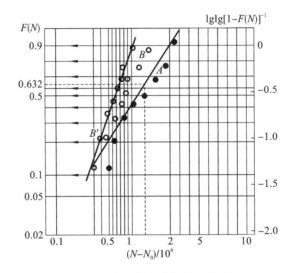

图 3.8　威布尔概率坐标纸及其应用

　　利用威布尔概率坐标纸，对于给定应力水平的一组寿命数据 N_i，仍可按式（3-13）估计 N_i 所对应的 $F(N_i)$，并在威布尔概率坐标纸上描点，即可判断其是否服从威布尔分布，并估计分布参数。

　　例 3.2　表 3.5 中列出了两组疲劳寿命数据。试判断其是否服从威布尔分布并估计其分布参数。

表 3.5　例 3.2 表

序号 i	A 组	B 组	$\dfrac{i}{n+1}$
	$N_i/10^5$	$N_i/10^5$	
1	2.0	4.0	0.111
2	3.7	5.0	0.222

续表

序号 i	A 组	B 组	$\dfrac{i}{n+1}$
	$N_i/10^5$	$N_i/10^5$	
3	5.0	6.0	0.333
4	8.0	7.3	0.444
5	11.5	8.0	0.556
6	13.0	9.0	0.667
7	20.0	10.6	0.778
8	23.5	13.0	0.889

解　(1)将数据 N_i 排序,采用均秩估计方法估计相应的 $F(N_i)$,如表 3.5 中所列。

(2)威布尔概率坐标纸的横坐标为 $\lg(N-N_0)$,因此在概率纸上描点之前,必须先估计 N_0。N_0 是寿命下限,取值范围为 $0\leqslant N_0\leqslant N_1$,$N_1$ 是样本数据的最小值。如果设 $N_0=0$,就可以根据表 3.5 中的两组数据在图 3.8 中描点。很明显,A 组数据点基本上在一条直线上,但是 B 组数据线性较差,需要重新调整 N_0。重新取 $N_0=\dfrac{N_1}{2}=2\times10^5$,可以得到图中 B' 所示的直线。

由此可见,表 3.5 中的两组数据都服从威布尔分布。

(3)分布参数估计。威布尔分布有三个参数,其中下限 N_0 已经给出,下面需要根据图 3.6 估计特征寿命参数 N_a 和斜率参数 b。

特征寿命参数 N_a 对应的失效概率为 63.2%,因此可以从图 3.8 中直接查得与失效概率 63.2% 对应的 $\lg(N_a-N_0)$,进而得到特征寿命参数 N_a。例如,根据图 3.8 中 A 组数据,有 $N_a-N_0=11.5\times10^5$,因为 $N_0=0$,故 $N_a=11.5\times10^5$;再根据图 3.8 中直线 B',有 $N_a-N_0=6.8\times10^5$,因为 $N_0=2\times10^5$,故 $N_a=8.8\times10^5$。

在非等距标定的坐标系中,不能直接由直线倾角的正切值确定其斜率,但是可以利用式(3-17)计算斜率参数 b。对于直线 A,注意到 $F(N)=90\%$ 时,有 $\lg\lg[1-F(N)]^{-1}=0$,对应的寿命 $N=23.5\times10^5$,因此利用式(3-17)可得 $b=1.17$。对于直线 B',利用同样的方法可得 $b=1.73$。

威布尔分布参数确定之后,利用式(3-16),就可以估计在给定寿命下的失效概率或给定失效概率所对应的寿命。

3.4　线性回归分析

利用在概率坐标纸上描点判断数据点是否呈线性时,人为因素比较多,不同的人给出的直线也会有所不同。这就需要找到数据拟合的定量描述方法。

3.4.1　相关关系和回归方程

事物之间的联系，在数学上通常用变量之间的相互关系来描述。这种关系一般可分为两类，确定性关系（deterministic relationship）和相关关系（correlation）。

对于变量 X 的每一确定值，变量 Y 都有可以预测的一个或几个确定值与之对应，则称变量 Y 与 X 之间具有确定性关系。这类关系可以采用确定性的函数关系表达。例如，若以 D 表示圆的直径，L 表示圆的周长，则 $L = \pi D$ 表达了变量 D 和 L 之间的确定性关系。

如果当变量 X 取某确定值时，变量 Y 并无确定的值与之对应，与之对应的是一个确定的概率分布，则称变量 Y 与 X 之间具有相关关系。例如，图 3.1 中给出的应力水平与疲劳寿命之间的关系。对于一个给定的应力幅，并没有一个确定的疲劳寿命 N 与之对应，与之对应的是疲劳寿命的一个概率分布。或者说，疲劳寿命 N 是随机的，但服从某一确定的、与应力水平相关的概率分布。这一分布通常可用对数正态分布或威布尔分布描述，其特征参数可以根据样本数据进行估计。

设随机变量 X、Y 间存在着相关关系，当 X 取某值 x 时，Y 的数学期望记作 $E(Y/X = x)$，它是 x 的函数，即

$$E(Y/X = x) = f(x) \tag{3-19}$$

$E(Y/X = x)$ 是变量 Y 的总体在 $X = x$ 时的期望值，而总体分布参数通常是未知的，一般只能通过样本数据求其估计量 $\tilde{y}$，故有

$$\tilde{y} = f(x) \tag{3-20}$$

式（3-20）描述了随机变量 Y 的数学期望的估计量 $\tilde{y}$ 与 X 的取值 x 之间的关系，称为 Y 对 X 的回归方程。如果回归方程是线性的，则有

$$\tilde{y} = A + Bx \tag{3-21}$$

式（3-21）是最简单的一元线性回归方程，常数 A、B 是待定的回归系数。

回归分析的主要任务不仅包括寻找可以描述随机变量间相关关系的近似定量表达式，即确定回归方程的形式和回归系数，而且还要考查随机变量间相关关系的密切程度，检验回归方程的可用性，并利用回归方程进行随机变量取值的预测和统计推断。

3.4.2　用最小二乘法拟合回归方程

假设有 n 对数据 (x_i, y_i) 组成的一个数据样本，将它们在直角坐标系中描点，如图3.9所示，得到散点图。散点图可以直观地反映随机变量 X 与 Y 之间是否存在相关关系，以及它们之间关系的可能函数形式。例如，在图 3.9 中，数据分散带呈线性，因此可以假定 X 与 Y 之间具有线性相关关系，且其回归方程可用式（3-21）表达。回归方程中的回归系数可由最小二乘法确定。

回归方程给出的估计量 $\tilde{y}_i$ 与样本实际观测值 y_i 之间的偏差平方和可以表示为

$$Q = \sum_{i=1}^{n} (\tilde{y}_i - y_i)^2 = \sum_{i=1}^{n} (A + Bx_i - y_i)^2$$

$$\text{(3-22)}$$

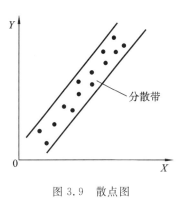

图 3.9 散点图

要使拟合的效果最好,则偏差的平方和 Q 必须最小。以此为条件确定回归系数的方法,称为最小二乘法。Q 是回归系数 A、B 的函数。Q 最小则必定有

$$\frac{\partial Q}{\partial A} = 0 \text{ 和 } \frac{\partial Q}{\partial B} = 0 \qquad \text{(3-23)}$$

对于一元线性回归方程,根据式(3-22)有

$$\begin{cases} nA + B\sum_{i=1}^{n} x_i = \sum_{i=1}^{n} y_i \\ A\sum_{i=1}^{n} x_i + B\sum_{i=1}^{n} x_i^2 = \sum_{i=1}^{n} x_i y_i \end{cases} \qquad \text{(3-24)}$$

求解上述线性方程组,得到

$$\begin{cases} B = \dfrac{n\sum_{i=1}^{n} x_i y_i - \sum_{i=1}^{n} x_i \sum_{i=1}^{n} y_i}{n\sum_{i=1}^{n} x_i^2 - \left(\sum_{i=1}^{n} x_i\right)^2} = \dfrac{\sum_{i=1}^{n} (x_i - \overline{X})(y_i - \overline{Y})}{\sum_{i=1}^{n} (x_i - \overline{X})^2} \\[4mm] A = \dfrac{\sum_{i=1}^{n} x_i^2 \sum_{i=1}^{n} y_i - \sum_{i=1}^{n} x_i \sum_{i=1}^{n} x_i y_i}{n\sum_{i=1}^{n} x_i^2 - \left(\sum_{i=1}^{n} x_i\right)^2} = \overline{Y} - B\overline{X} \end{cases} \qquad \text{(3-25)}$$

式中,$\overline{X}$、$\overline{Y}$ 分别为变量 X、Y 的样本平均值,即有

$$\overline{X} = \frac{1}{n}\sum_{i=1}^{n} x_i \text{ ; } \overline{Y} = \frac{1}{n}\sum_{i=1}^{n} y_i \qquad \text{(3-26)}$$

式(3-25)给出了确定回归系数 A、B 的表达式,而且指出了平均值 $(\overline{X}, \overline{Y})$ 落在回归直线上。

3.4.3 相关系数及相关关系检验

相关系数 r 定义为

$$r = B\sqrt{\frac{\sum_{i=1}^{n} (x_i - \overline{X})^2}{\sum_{i=1}^{n} (y_i - \overline{Y})^2}} \qquad \text{(3-27)}$$

若令

$$L_{xx} = \sum_{i=1}^{n} (x_i - \overline{X})^2 = \sum_{i=1}^{n} x_i^2 - \frac{1}{n} \Big(\sum_{i=1}^{n} x_i \Big)^2$$

$$L_{yy} = \sum_{i=1}^{n} (y_i - \overline{Y})^2 = \sum_{i=1}^{n} y_i^2 - \frac{1}{n} \Big(\sum_{i=1}^{n} y_i \Big)^2 \tag{3-28}$$

$$L_{xy} = \sum_{i=1}^{n} (x_i - \overline{X})(y_i - \overline{Y}) = \sum_{i=1}^{n} x_i y_i - \frac{1}{n} \sum_{i=1}^{n} x_i \sum_{i=1}^{n} y_i$$

由式(3-25)和(3-27)有

$$B = \frac{L_{xy}}{L_{xx}}$$

$$r = \frac{L_{xy}}{\sqrt{L_{xx} L_{yy}}} = B \sqrt{\frac{L_{xx}}{L_{yy}}} \tag{3-29}$$

代入式(3-22)可将偏差平方和表示为

$$Q = L_{yy} - B^2 L_{xx} \tag{3-30}$$

将式(3-30)两端同时除以 L_{yy}，即得

$$r^2 = 1 - \frac{Q}{L_{yy}} \tag{3-31}$$

注意到 Q、L_{yy} 均恒为正,故相关系数 $|r| \leqslant 1$。当 $|r| \to 1$ 时,$Q \to 0$,表示数据点基本上都在回归直线上,变量 X、Y 相关密切;$|r|$ 越小,表示偏差平方和 Q 越大,相关性越差;若 $|r|$ 很小,甚至趋近于零,则变量 X、Y 之间不具有所假定形式的相关关系,或者二者完全不相关。由式(3-29)中的第二式可知,相关系数 r 与 B 同号,$r > 0$ 则 $B > 0$,回归直线斜率为正,称为正相关;$r < 0$ 则 $B < 0$,回归直线斜率为负,称为负相关,如图3.10所示。

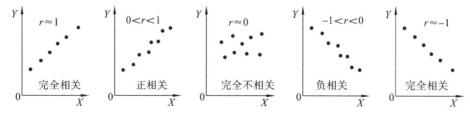

图 3.10　相关系数的几何意义

很显然,$|r|$ 的大小反映了变量 X、Y 间相关关系的密切程度。只有 $|r|$ 足够大,才能用回归方程描述变量间的相关关系;若 $|r|$ 很小,变量间不具有所假定形式的相关关系或完全不相关,则回归方程毫无意义。为了保证回归方程能够反映随机变量间的相关关系,相关系数应当满足:

$$|r| \geq r_a \tag{3-32}$$

r_a 称为相关系数的起码值。这表示,若回归方程能够用来描述随机变量间的相关关系,则其相关系数的绝对值应当不小于 r_a。r_a 与样本容量 n 的大小有关。n 越大,可信程度越高,相关系数的起码值 r_a 就可以小一些。r_a 还与显著性水平 α 有关。显著性水平 α 反映接受回归方程出现错误的概率,即纳伪概率。α 越小,置信水平 $\gamma = 1 - \alpha$ 越大,所要求的相关系数的起码值 r_a 就越大。表 3.6 列出了一些相关系数的起码值。

表 3.6　一些相关系数的起码值 r_a

$n-2$	α		$n-2$	α		$n-2$	α		$n-2$	α	
	5%	1%		5%	1%		5%	1%		5%	1%
1	0.997	1.000	11	0.553	0.684	21	0.413	0.526	35	0.325	0.418
2	0.950	0.990	12	0.532	0.661	22	0.404	0.515	40	0.304	0.393
3	0.878	0.959	13	0.514	0.641	23	0.396	0.505	45	0.288	0.372
4	0.811	0.917	14	0.497	0.623	24	0.388	0.496	50	0.273	0.354
5	0.754	0.874	15	0.482	0.606	25	0.381	0.487	60	0.250	0.325
6	0.707	0.834	16	0.468	0.590	26	0.374	0.478	70	0.232	0.302
7	0.666	0.798	17	0.456	0.575	27	0.367	0.470	80	0.217	0.283
8	0.632	0.765	18	0.444	0.561	28	0.361	0.463	90	0.205	0.267
9	0.602	0.735	19	0.433	0.549	29	0.355	0.456	100	0.195	0.254
10	0.576	0.708	20	0.423	0.537	30	0.349	0.449	200	0.138	0.181

3.4.4　利用回归方程进行统计推断

回归方程经过相关关系检验后,即可用来描述随机变量间的相关关系。当 X 取某一值 x 时,随机变量 Y 虽然没有一个确定值 y 与之对应,但可由回归方程求出 y 的数学期望 $\tilde{y}$。$\tilde{y}$ 只是 y 的估计量,而真实的 y 总是围绕 $\tilde{y}$ 上下波动的。

　　假设这种波动可以用正态分布表达,如图 3.11 所示。这意味着,对于任一 x,与之对应的 y 的分布满足正态分布。当样本容量 n 较大时,分布参数可以通过下式估计:

$$\mu = \tilde{y} = A + Bx$$
$$s = \sqrt{\frac{Q}{n-2}} = \sqrt{\frac{L_{yy} - B^2 L_{xx}}{n-2}} \tag{3-33}$$

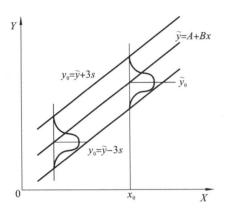

图 3.11　利用回归方程进行统计推断

在图 3.11 中，$\tilde{y} = A + Bx$ 是回归直线，对应着失效概率为 50% 的中值估计。直线 $y = \tilde{y} + u_p s$ 对应的概率 P_f 可根据 u_p 查正态分布函数表（或表 3.1）得到。如果 $u_p = 3$，则 $P_f = 99.87\%$，因此 $y = \tilde{y} + 3s$ 对应着失效概率为 99.87% 的估计，或者说 y 的值落在直线 $y = \tilde{y} + 3s$ 之下的概率为 99.87%。而如果 $u_p = -3$，则 $P_f = 0.13\%$，因此 $y = \tilde{y} - 3s$ 对应着失效概率为 0.13% 的估计，或者说 y 的值落在直线 $y = \tilde{y} - 3s$ 之下的概率为 0.13%。y 的值落在直线 $y = \tilde{y} + 3s$ 和 $y = \tilde{y} - 3s$ 之间的概率则为 99.74%。

线性回归分析的基本方法可归纳为如图 3.12 所示的框图。

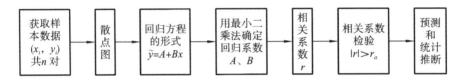

图 3.12　线性回归分析框图

例 3.3　某材料在应力比 $R = 0.1$ 下的疲劳试验结果如表 3.7 所示，试求其 S-N 曲线。

表 3.7　例 3.3 表

试验数据		计算结果				
σ_{ai}	N_i	$x_i = \lg N_i$	$y_i = \lg \sigma_{ai}$	x_i^2	y_i^2	$x_i y_i$
199	94124	4.9737	2.2989	24.7377	5.2849	11.4340
166	146656	5.1663	2.2201	26.6907	4.9288	11.4697
141.2	298263	5.4746	2.1498	29.9712	4.6216	11.7693
120.2	981070	5.9917	2.0799	35.9005	4.3260	12.4621
Σ		21.6063	8.7487	117.3001	19.1613	47.1351

解　采用 Basquin 公式描述材料 S-N 曲线：

$$\sigma_a^m N = c$$

取对数后有

$$\lg \sigma_a = \frac{1}{m} \lg c - \frac{1}{m} \lg N$$

令 $y = \lg \sigma_a$，$x = \lg N$，回归方程可表示为

$$y = A + Bx$$

其中，$A = \dfrac{1}{m}\lg c$，$B = -\dfrac{1}{m}$。

列表计算后，由式(3-25)得到

$$\overline{X} = \frac{1}{n}\sum_{i=1}^{n} x_i = 5.40158 \quad \text{和} \quad \overline{Y} = \frac{1}{n}\sum_{i=1}^{n} y_i = 2.18718$$

再由式(3-28)有

$$L_{xx} = \sum_{i=1}^{n} x_i^2 - \frac{1}{n}\Big(\sum_{i=1}^{n} x_i\Big)^2 = 0.59205$$

$$L_{yy} = \sum_{i=1}^{n} y_i^2 - \frac{1}{n}\Big(\sum_{i=1}^{n} y_i\Big)^2 = 0.02636$$

$$L_{xy} = \sum_{i=1}^{n} x_i y_i - \frac{1}{n}\sum_{i=1}^{n} x_i \sum_{i=1}^{n} y_i = -0.12166$$

回归系数由式(3-25)给出：

$$B = \frac{\sum\limits_{i=1}^{n}(x_i - \overline{X})(y_i - \overline{Y})}{\sum\limits_{i=1}^{n}(x_i - \overline{X})^2} = -0.2054$$

$$A = \overline{Y} - B\overline{X} = 3.2974$$

因此，有

$$c = \lg^{-1}(Am) = 1.12 \times 10^{16}, \quad m = -\frac{1}{B} = 4.87$$

根据式(3-29)，有

$$r = \frac{L_{xy}}{\sqrt{L_{xx} L_{yy}}} = -0.975$$

表明对数应力与对数寿命之间是负相关的。

当显著性水平 $\alpha = 5\%$ 时，查表 3.6 知 $r_a = 0.950$，故有 $|r| \geqslant r_a$。即在 $\alpha = 5\%$ 时，回归方程是可用的，且 S-N 曲线为

$$\sigma_a^{4.87} N = 1.12 \times 10^{16} \quad (P_f = 50\%)$$

然而，由于由于数据点少（$n = 4$），若取 $\alpha = 1\%$，则回归方程是不可接受的。

如果要估计失效概率 $P_f = 1\%$ 的 S-N 曲线，则需先按式(3-33)计算样本标准差。

$$s = \sqrt{\frac{L_{yy} - B^2 L_{xx}}{n - 2}} = 0.0263$$

$P_f = 1\%$ 对应的 $u_p = -2.326$，因此

$$y = A + Bx - 2.326s$$

失效概率 $P_f = 1\%$ 的 S-N 曲线为

$$\sigma_{\mathrm{a}}^{4.87} N = 5.758 \times 10^{15} \qquad (P_{\mathrm{f}} = 1\%)$$

例 3.4　试用最小二乘法进行回归分析，估计例 3.2 中 B 组数据的分布参数。

解　(1)设寿命 N_i 服从对数正态分布，即 $x_i = \lg N_i$ 服从正态分布，根据式(3-10)有 $x = \bar{x} + us$ 。

对照回归方程：

$$Y = A + BX$$

取 $Y = x$ ，$X = u = \Phi^{-1}(F(N))$ ，则回归系数分别为

$$A = \bar{x} \ , \ B = s$$

列表计算，如表 3.8 所示，得到：

$$\overline{X} = 0 \ , \ \overline{Y} = 0.8674 \ , \ L_{xx} = 4.5580 \ , \ L_{yy} = 0.2012 \ , \ L_{xy} = 0.9554$$

计算回归系数，得到：

$$B = \frac{L_{xy}}{L_{xx}} = 0.2096 \ , \ A = \overline{Y} - B\overline{X} = 0.8674$$

因此有

$$s = B = 0.2096 \ , \ \bar{x} = A = 0.8674$$

相关系数为

$$r = -0.9976 \geqslant r_a = 0.834 \ (\alpha = 0.01 \ , \ n = 8 \ )$$

可见，该组寿命数据在正态概率纸上线性很好，回归方程可以接受。

如果要估计寿命为 $N = 3 \times 10^5$ 时的失效概率，则根据式(3-6)有

$$P_{\mathrm{f}} = \Phi(u) = \Phi\left(\frac{\lg N - \bar{x}}{s}\right) = \Phi(-1.862) = 3.1\%$$

表 3.8　例 3.4 表

序号 i	$N_i / 10^5$	$\dfrac{i}{n+1}$	正态分布		威布尔分布	
			y_i	x_i	y_i	x_i
1	4.0	0.111	0.6021	-1.22	-1.2912	0.3010
2	5.0	0.222	0.6990	-0.765	-0.9620	0.4771
3	6.0	0.333	0.7782	-0.431	-0.7543	0.6021
4	7.3	0.444	0.8633	-0.140	-0.5931	0.7243
5	8.0	0.556	0.9031	0.140	-0.4532	0.7782
6	9.0	0.667	0.9542	0.431	-0.3213	0.8451
7	10.6	0.778	1.0253	0.765	-0.1849	0.9345
8	13.0	0.889	1.1139	1.220	-0.0203	1.0414

（2）设寿命 N_i 服从威布尔分布，则由式（3-17）有

$$\lg\lg\left[1-F(N)\right]^{-1} = b\lg(N-N_0) + \lg\lg e - b\lg(N_a-N_0)$$

对照回归方程：

$$Y = A + BX$$

可以取

$$Y = \lg\lg\left[1-F(N)\right]^{-1}，X = \lg(N-N_0)$$

回归系数为

$$A = \lg\lg e - b\lg(N_a-N_0)，B = b$$

设 $N_0 = 2\times10^5$，列表计算后得到：

$$\overline{X} = 0.7130，\overline{Y} = 0.5725，L_{xx} = 0.4164，L_{yy} = 1.2342，L_{xy} = 0.7161$$

回归系数为

$$B = \frac{L_{xy}}{L_{xx}} = 1.7196，A = \overline{Y} - B\overline{X} = -1.7985$$

因此有，

$$b = B = 1.7196，N_a = \lg^{-1}\left(\frac{\lg\lg e - A}{b}\right) + N_0 = 8.84\times10^5$$

相关系数为

$$r = -0.9988 \geqslant r_a = 0.834（\alpha = 0.01，n = 8）$$

可见，采用威布尔分布也可以很好地描述该组寿命分布，而且与采用对数正态分布描述相比，相关性更好。

如果要估计寿命为 $N = 3\times10^5$ 时的失效概率，则根据式（3-16）有

$$P_f = F(N) = 1 - e^{-\left(\frac{\lg N - \lg N_0}{\lg N_a - \lg N_0}\right)^b} = 3.6\%$$

3.5 S-N 曲线和 P-S-N 曲线的拟合

3.4 节指出，回归直线 $\tilde{y} = A + Bx$ 是对 y 的中值估计，它对应着 50% 的失效概率。而直线 $y = \tilde{y} + u_p s$ 的估计，则对应着与标准正态分布变量 u_p 相应的失效概率 P_f。通常把与存活概率 $P_s = 1 - P_f$ 对应的 S-N 曲线，称为 P-S-N 曲线。下面以一个具体的例子说明如何采用最小二乘法拟合 S-N 曲线和 P-S-N 曲线。

表 3.9 给出了 2A12（旧牌号 LY12）铝合金板材在四种应力水平下的疲劳试验结果，循环应力比 $R = 0.1$。

表3.9　2A12铝合金板材的对数疲劳寿命 $x = \lg N$ 试验数据（$R = 0.1$）

i	$\sigma_{\max}$ /MPa				$P_f = \dfrac{i}{n+1}$	$P_s = 1 - P_f$
	199	166	141.2	120.2		
1	4.914	5.093	5.325	5.721	0.0909	0.9091
2	4.914	5.127	5.360	5.851	0.1818	0.8182
3	4.929	5.130	5.435	5.859	0.2727	0.7273
4	4.964	5.140	5.441	5.938	0.3636	0.6364
5	4.964	5.146	5.470	6.012	0.4545	0.5455
6	4.982	5.167	5.471	6.015	0.5455	0.4545
7	4.982	5.188	5.501	6.082	0.6364	0.3636
8	4.996	5.204	5.549	6.136	0.7273	0.2727
9	5.029	5.220	5.582	6.138	0.8182	0.1818
10	5.063	5.248	5.612	6.165	0.9091	0.0909

　　将表3.9中不同应力水平下的对数寿命及其对应的存活概率,在正态概率坐标纸上描点,如图3.13所示。很明显,不同应力水平下的数据在正态概率坐标纸上都近似地呈直线,这表明对数寿命 $x = \lg N$ 服从正态分布。

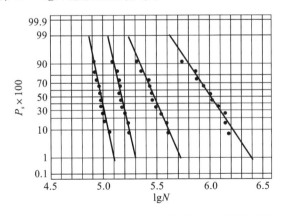

图3.13　在正态概率坐标纸上对数寿命与存活概率关系

　　利用最小二乘法,拟合不同应力水平下对数寿命与存活概率之间的回归直线,结果列于表3.10。在表中后面两列,还给出了根据回归方程估计的存活概率 P_s 分别为 50% 和 99.9% 时不同应力水平下的对数疲劳寿命,并与第二列的数据一起构成两组 S-N 数据。这两组数据在双对数坐标图上呈线性关系,如图3.14所示。曲线1是存活概率为 50% 的

S-N曲线,即中值 S-N 曲线,曲线 2 是存活概率为 99.9％的 P-S-N 曲线。

表 3.10　不同应力水平下的拟合结果

i	σ_{max} /MPa	A	B	r	$\lg\sigma_{max}$	$x = A + Bu_p$	
						$P_s = 50\%$	$P_s = 99.9\%$
1	199.0	4.7937	0.0566	0.975	2.2989	4.9737	4.7988
2	166.0	5.1663	0.0571	0.988	2.2201	5.1663	4.9899
3	141.2	5.4746	0.1084	0.989	2.1498	5.4746	5.1396
4	120.2	5.9917	0.1722	0.973	2.0799	5.9917	5.4596

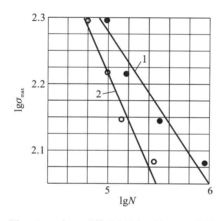

图 3.14　在双对数坐标图上的 S-N 曲线

对图 3.14 中的两组数据,令 $y = \lg\sigma_{max}$、$x = \lg N$,再采用最小二乘法做线性回归分析,又可以得到表 3.11 中的结果。很明显,中值 S-N 曲线和存活概率为 99.9％的 P-S-N 曲线的 Basquin 公式分别为

$$\sigma_{max}^{4.869}N = 1.124 \times 10^{16}$$

$$\sigma_{max}^{3.022}N = 5.092 \times 10^{11} \quad (P_s = 99.9\%)$$

表 3.11　S-N 曲线参数拟合结果

$P_s \times 100$	$y = A + Bx$		r	$\sigma_{max}^m N = c$	
	A	B		m	c
50	3.2965	-0.2054	-0.971	4.869	1.124×10^{16}
99.9	3.8739	-0.3309	-0.983	3.022	5.092×10^{11}

小　结

（1）疲劳寿命分散性显著。应力水平越低，寿命越长，分散性越大。疲劳寿命 N 通常可以用对数正态分布或威布尔分布描述。

（2）失效概率为 P_f 的对数疲劳寿命为 $x_p = \bar{x} + u_p s$。样本均值 $\bar{x}$ 和标准差 s 分别是总体参数 μ、ρ 的估计量。$u_p = \Phi^{-1}(P_f)$。存活概率 $P_s = 1 - P_f$。

（3）威布尔分布的三个参数是下限 N_0、特征寿命参数 N_a 和形状参数 b。

（4）无论随机变量服从何种分布，失效概率都可以进行均秩估计 $P_f = \dfrac{i}{n+1}$。

（5）借助于概率坐标纸，可以判断随机变量是否服从给定的概率分布形式，并估计其分布参数。

（6）回归分析的主要任务是：寻找随机变量间相关关系的近似定量表达式，考查变量间的相关性并利用回归方程进行预测和统计推断。

思考题与习题

3-1　如何制作正态概率坐标纸？

3-2　如何制作威布尔概率坐标纸？

3-3　什么是相关关系？相关关系如何描述和检验？

3-4　什么是最小二乘法？相关系数 r 有什么意义？r 的取值范围如何？

3-5　30CrMnSiNi2A 钢在应力水平 $\sigma_{max} = 660\mathrm{MPa}$，$R = 0.5$ 下的疲劳试验寿命为 64、67、68、92、93、103、121、135 千周。（a）利用正态概率坐标纸，确定对数寿命的正态分布参数以及存活概率为 95% 的寿命；（b）利用威布尔概率坐标纸，确定寿命的威布尔分布参数以及存活概率为 95% 的寿命。

3-6　已知某给定应力比下的一组疲劳试验寿命结果如表 3.12 所示，试用最小二乘法拟合 $\lg\sigma_a$-$\lg N$ 直线，求出相关系数，并写出其 S-N 曲线表达式。

表 3.12　习题 3-6 表

σ_a / MPa	60	50	40	30	25
$N / 10^3$	12.3	20.0	39.6	146.1	340.6

第4章 低周疲劳

在疲劳问题中,对于循环应力水平较低($\sigma_{\max} < \sigma_s$)、寿命比较长的高周疲劳问题,采用应力-寿命(即 $S\text{-}N$)曲线描述疲劳性能是恰当的。然而,工程中有许多零、构件,在其整个使用寿命期间,所经历的载荷循环次数并不多。以压力容器为例,如果每天经受两次载荷循环,则在 30 年的使用期限内,载荷的总循环次数还不到 2.5×10^4 次。一般来说,在寿命较短的情况下,设计应力或应变水平当然可以高一些,以充分发挥材料的潜力。这样,就可能使零、构件中某些高应力的局部(尤其是缺口根部)进入屈服状态。

众所周知,对于延性较好的材料,一旦发生屈服,即使应力的变化非常小,应变的变化也会比较大,而且应力和应变之间的关系也不再是一一对应的关系。应变成为比应力更敏感的参量,因此采用应变作为低周疲劳问题的控制参量显然更好一些。

4.1 单调应力-应变响应

和线弹性阶段材料应力、应变的一一对应关系不同,在应力水平比较高的情况下,材料的循环应力-应变响应非常复杂。因此,在讨论低周疲劳问题之前,有必要研究材料在循环载荷作用下的应力-应变响应。作为基础,这里首先讨论材料在单调载荷作用下的应力-应变响应(monotonic stress-strain response)。

4.1.1 应力和应变描述

传统的应力和应变是以变形前的几何尺寸定义的,称为工程应力(engineering stress)和工程应变(engineering strain),分别用 S 和 e 表示。对于标准试件的单轴拉伸试验来说,工程应力和工程应变可以分别定义为

$$S = \frac{F}{A_0} \tag{4-1}$$

$$e = \frac{\Delta l}{l_0} = \frac{l - l_0}{l_0} \tag{4-2}$$

式中,F 为所施加的轴向载荷;A_0 为试件初始横截面积;l_0 为试件初始标距长度;Δl 为标距长度的改变量,等于试件变形后的长度 l 与其原长 l_0 之差。

然而实际上,一旦沿轴向施加载荷,试件在发生纵向伸长(或缩短)的同时,由于泊松效应横向尺寸会相应缩短(或伸长),因此真实应力(real stress)应当等于轴向力除以变形后的截面面积 A,而不是除以初始横截面积 A_0,即

$$\sigma = \frac{F}{A} \tag{4-3}$$

在载荷从 0 到 F 的过程中，试件的伸长是逐步发生的。考察加载过程中的任一载荷增量 $\mathrm{d}F$，由它引起的应变增量 $\mathrm{d}\varepsilon$ 可以定义为

$$\mathrm{d}\varepsilon = \frac{\mathrm{d}l}{l}$$

式中，l 为加载到 F 时试件的长度，$\mathrm{d}l$ 为与载荷增量 $\mathrm{d}F$ 对应的伸长量。因此，真实应变 ε 应为

$$\varepsilon = \int_{l_0}^{l} \frac{\mathrm{d}l}{l} = \ln \frac{l}{l_0} = \ln(1+e) \tag{4-4}$$

随着载荷继续增大，材料首先进入屈服，之后经过强化、颈缩，最后发生断裂，如图 4.1 所示。在颈缩之前，试件在发生伸长的同时，横截面积均匀缩小，因此颈缩之前的变形都是均匀的。

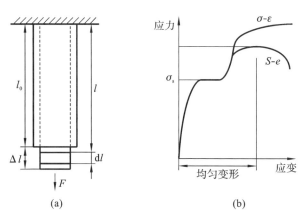

图 4.1　单调加载时的应力与应变

如果忽略弹性体积变化，假定试件发生变形后的体积保持不变，则在颈缩之前的均匀变形阶段有

$$A_0 l_0 = Al$$

根据前述各式，可得

$$\sigma = S(1+e) \tag{4-5}$$

$$\varepsilon = \ln(1+e) = \ln \frac{1}{1-\psi} \tag{4-6}$$

式中，$\psi = \dfrac{A_0 - A}{A_0} \times 100\%$，称为截面收缩率（reduction of area）。式(4-5)和式(4-6)，给出了均匀变形阶段工程应力、工程应变与真实应力、真实应变之间的关系。

在拉伸加载下，根据式(4-5)，真实应力 σ 大于工程应力 S。二者之间的相对误差为

$$\frac{\sigma - S}{S} = e \tag{4-7}$$

可见，e 越大，$\sigma - S$ 越大。当 $e = 0.2\%$ 时，σ 比 S 大 0.2%。

假设 e 是一个小量，将式(4-6)展开，得

$$\varepsilon = e - \frac{1}{2}e^2 + \frac{1}{3}e^3 - \cdots < e$$

可见，真实应变 ε 小于工程应变 e。略去三阶小量，可知二者之间的相对误差为

$$\frac{e - \varepsilon}{e} = \frac{1}{2}e \tag{4-8}$$

很明显，e 越大，$e - \varepsilon$ 越大。当 $e = 0.2\%$ 时，ε 比 e 大 0.1%。

在一般工程问题中，σ 与 S、ε 与 e 相差都不超过 1%，二者可不加区别。从图 4.1 所示的工程应力-工程应变曲线与真实应力-真实应变曲线可以看出，随着应变的增大，二者差别明显增大，进入颈缩阶段之后的差别则更大。

4.1.2　单调应力-应变关系

在颈缩前的均匀变形阶段，从应力-应变曲线上任一点 A 处卸载，弹性应变 ε_e 将恢复，而塑性应变 ε_p 将作为残余应变保留下来，如图 4.2 所示。应力-应变曲线上任一点的应变 ε，均可表示为弹性应变 ε_e 与塑性应变 ε_p 之和，即

$$\varepsilon = \varepsilon_e + \varepsilon_p \tag{4-9}$$

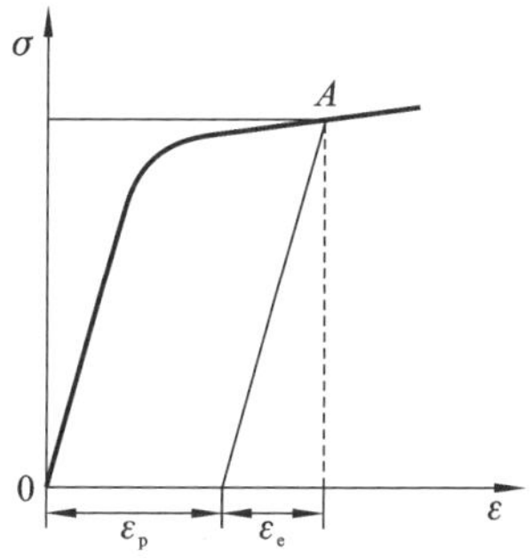

应力与弹性应变的关系可以用 Hooke 定律描述：

$$\sigma = E\varepsilon_e \tag{4-10}$$

而应力与塑性应变的关系则采用 Holomon 关系表达：

$$\sigma = K\varepsilon_p^n \tag{4-11}$$

图 4.2　单调应力-应变曲线

式中，K 为强度系数，具有应力量纲（MPa）；n 为应变强化指数，是无量纲量。对于常用金属结构材料，应变强化指数 n 一般在 $0\sim0.6$ 之间。$n = 0$ 表示无应变强化，应力与塑性应变无关，是理想的塑性材料。

根据式(4-9)、式(4-10)和式(4-11)，可以将应力-应变关系表示为

$$\varepsilon = \varepsilon_e + \varepsilon_p = \frac{\sigma}{E} + \left(\frac{\sigma}{K}\right)^{\frac{1}{n}} \tag{4-12}$$

这就是著名的 Remberg-Osgood 弹塑性应力-应变关系。

4.2 循环应力-应变响应

在循环载荷作用下，材料的应力-应变响应与在单调加载条件下相比，有很大不同。这主要表现在材料应力-应变响应的循环滞回行为上。

4.2.1 滞回行为

在恒幅应变循环试验中，连续监测材料的应力-应变响应，可以得到一系列的环状曲线。图4.3就是在恒幅对称应变循环下得到的低碳钢循环应力-应变响应。这些环状曲线反映了材料在循环载荷作用下应力、应变的连续变化，通常称为滞回曲线或滞回环(hysteresis loops)。

滞回环有以下特点。

(1) 滞回环随循环次数而改变，表明循环次数对应力-应变响应有影响。

从图4.3可以看出，在低碳钢的恒幅对称应变循环试验中，随着循环次数增加，循环应力幅不断增大，以致滞回环顶点位置随循环次数不断改变。

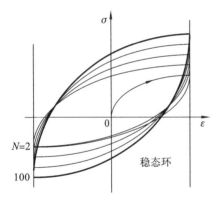

图 4.3 低碳钢的循环应力-应变响应

(2) 经过一定循环周次之后，有稳态滞回环出现。

大多数金属材料，在达到一定的载荷循环次数之后，应力-应变响应会逐渐趋于稳定，形成稳态滞回环。如图4.3所示的低碳钢，载荷循环约100次，即可形成稳态滞回环。必须指出，有些材料需要经历相当多的循环次数之后才能形成稳态滞回环，还有些材料甚至永远也得不到稳态滞回环。对于这些材料，可以把在给定应变幅下一半寿命处的滞回环，作为名义稳态滞回环。

(3) 有循环强化和软化现象。

在恒幅对称应变循环下，随着循环次数增加，应力幅不断增大的现象，称为循环强化。图4.3中的低碳钢就是循环强化的。反之，如果随着循环次数的增加，应力幅不断减小，则称为循环软化。

循环强化和软化现象与材料及其热处理状态有关。一般说来，低强度、软材料趋于循环强化，而高强度、硬材料趋于循环软化。例如，完全退火铜是循环强化的，而冷拉铜是循环软化的。不完全退火铜在循环应变幅小时，是循环强化的，而在循环应变幅大时，又是循环软化的。

4.2.2 循环应力幅-应变幅曲线

利用在不同应变水平下的恒幅对称循环疲劳试验,可以得到一族稳态滞回环。将这些稳态滞回环绘制在同一坐标图内,如图4.4所示,然后将每个稳态滞回环的顶点连成一条曲线。该曲线反映了在不同稳态滞回环中与循环应变幅对应的应力幅响应,因此称为循环应力幅-应变幅曲线。值得注意的是,与单调应力-应变曲线不同,循环应力幅-应变幅曲线并不是真实的加载路径。

可以仿照式(4-12)描述循环应力幅-应变幅曲线:

$$\varepsilon_a = \varepsilon_{ea} + \varepsilon_{pa} = \frac{\sigma_a}{E} + \left(\frac{\sigma_a}{K'}\right)^{\frac{1}{n'}} \quad (4\text{-}13)$$

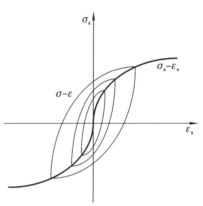

图4.4 循环应力幅-应变幅曲线

式中,K' 为循环强度系数,具有应力量纲(MPa);n' 为循环应变强化指数,是无量纲量。式(4-13)称为循环应力幅-应变幅方程。对于大多数金属材料,循环应变强化指数 n' 之值一般在 0.1~0.2 之间。很显然,弹性应变幅 ε_{ea} 和塑性应变幅 ε_{pa} 与应力幅 σ_a 之间满足:

$$\sigma_a = E\varepsilon_{ea}$$
$$\sigma_a = K'(\varepsilon_{pa})^{n'}$$

因此,如果已知应变幅 ε_a,同时根据 $\varepsilon_{ea} = \frac{\sigma_a}{E}$,就可以确定相应的塑性应变幅。

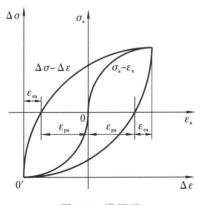

图4.5 滞回环

4.2.3 滞回环

如何对滞回环进行数学描述呢?

对于拉压性能对称的材料,滞回环的上升半支与下降半支关于原点对称,如图4.5所示,因此只需考虑半支即可。以滞回环下顶点 O' 为坐标原点,横、纵坐标轴分别为应力范围 $\Delta\sigma$ 和应变范围 $\Delta\varepsilon$。不失一般性,考虑滞回环的上升半支。

假设滞回环与循环应力幅-应变幅曲线几何相似,则在应力幅-应变幅坐标系中的应力幅 σ_a 和应变幅 ε_a,分别与在应力范围和应变范围坐标系中的 $\frac{\Delta\sigma}{2}$

和 $\dfrac{\Delta\varepsilon}{2}$ 对应。因此可以仿照式(4-13)描述滞回环，即

$$\frac{\Delta\varepsilon}{2} = \frac{\Delta\sigma}{2E} + \left(\frac{\Delta\sigma}{2K'}\right)^{\frac{1}{n'}} \tag{4-14}$$

将式(4-14)两边同时乘以 2 得到

$$\Delta\varepsilon = \frac{\Delta\sigma}{E} + 2\left(\frac{\Delta\sigma}{2K'}\right)^{\frac{1}{n'}} \tag{4-15}$$

式(4-15)称为滞回环方程。滞回环与循环应力幅-应变幅曲线之间的几何相似性假设，称为 Massing 假设。满足这一假设的材料，称为 Massing 材料。

如果把应变范围也区分为弹性和塑性两部分，即 $\Delta\varepsilon = \Delta\varepsilon_e + \Delta\varepsilon_p$，则有

$$\Delta\sigma = E\Delta\varepsilon_e$$

$$\Delta\sigma = 2K'\left(\frac{\Delta\varepsilon_p}{2}\right)^{n'}$$

4.2.4　材料的记忆特性

图 4.6 是材料在"加载—卸载—加载"过程中应力-应变曲线的示意图。如果只有单调加载，应力-应变曲线将由 A 经 B 到 D，即加载路径为 ABD。如果加载到 B 处后卸载，则曲线会沿路径 BC 变化；到 C 处后，如果又重新加载，则曲线沿 CB' 回到 B' 点；如果还继续加载，则材料并不会沿 CB' 穿过 ABD 曲线，继续上升到 D'，而是好像"记得"本来的路径，仍然沿 ABD 路径走向 D 点。把材料这种记得曾为反向加载所中断的应力-应变路径的行为，称为记忆特性。

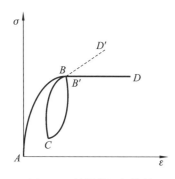

图 4.6　材料的记忆特性

描述材料记忆特性的规则可以总结为以下两点。

（1）如果应变第二次到达某值，并且此前在该值处曾发生过应变变化的反向，则应力-应变曲线将形成封闭环。

在图 4.6 中，曲线在 B 处由加载转变为卸载，应变变化发生反向。但是曲线在到达 C 处之后再次加载，随后应变第二次到达 B 处。为了描述上的方便，将第二次到达的 B 处标记为 B'，因此曲线形成封闭环 BCB'。

（2）越过封闭环顶点后，应力-应变曲线并不会受到封闭环的影响，就好像具备记忆能力一样，仍然沿着原来的路径发展。

在图 4.6 中，应力-应变曲线越过封闭环顶点 B 后，封闭环 BCB' 不再影响曲线，这就好像在 B 处未发生应变反向一样，曲线仍然沿着原来的加载路径 ABD 发展。

4.3 随机载荷下的应力-应变响应

材料的循环应力幅-应变幅曲线和滞回环,反映了材料的循环性能。这里通过一个具体例子,以上节讨论的材料循环性能和记忆特性为基础,分析在随机载荷作用下材料的应力-应变响应。

图 4.7(a)是从某构件承受的随机应变历程(应变谱)中获取的一个典型载荷谱块。下面研究如何分析其应力响应,进而得到应力-应变曲线。

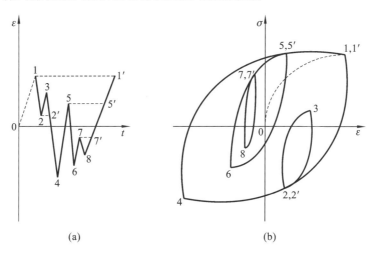

(a)   (b)

图 4.7 某构件的典型载荷谱块与应力-应变响应

由于图 4.7(a)是一个典型载荷谱块,可以认为在此之前构件已经经历了许多循环,因此循环应力-应变响应已经进入稳态。点 1 处必定是某稳态滞回环的顶点,因此其应力与应变关系可以由式(4-13)的循环应力幅-应变幅方程描述,即

$$\varepsilon_1 = \frac{\sigma_1}{E} + \left(\frac{\sigma_1}{K'}\right)^{\frac{1}{n'}}$$

式中,σ_1 和 ε_1 分别是点 1 处的应力和应变。由此可以根据 ε_1 求解 σ_1。

由点 1 到点 2 是一个卸载过程,处于某滞回环的下半支,因此必须采用式(4-15)的增量形式的滞回环方程描述,即

$$\Delta\varepsilon_{1-2} = \frac{\Delta\sigma_{1-2}}{E} + 2\left(\frac{\Delta\sigma_{1-2}}{2K'}\right)^{\frac{1}{n'}}$$

式中,$\Delta\varepsilon_{1-2} = |\varepsilon_2 - \varepsilon_1|$,$\Delta\sigma_{1-2} = |\sigma_2 - \sigma_1|$,$\sigma_2$ 和 ε_2 分别是点 2 处的应力和应变。求出 $\Delta\sigma_{1-2}$ 后,可以得到点 2 处的应力:

$$\sigma_2 = \sigma_1 - \Delta\sigma_{1-2}$$

由点 2 到点 3 是一个加载过程，处于另一滞回环的上半支，也需要采用式(4-15)的增量关系描述，即

$$\Delta\varepsilon_{2-3} = \frac{\Delta\sigma_{2-3}}{E} + 2\left(\frac{\Delta\sigma_{2-3}}{2K'}\right)^{\frac{1}{n'}}$$

式中，$\Delta\varepsilon_{2-3} = |\varepsilon_3 - \varepsilon_2|$，$\Delta\sigma_{2-3} = |\sigma_3 - \sigma_2|$，$\sigma_3$ 和 ε_3 分别是点 3 处的应力和应变。求出 $\Delta\sigma_{2-3}$ 后，可以得到点 3 处的应力为

$$\sigma_3 = \sigma_2 + \Delta\sigma_{2-3}$$

由点 3 到点 4 又是一个卸载过程。但是当曲线到达点 2′ 处时，应变再次回到点 2 处的值。注意到应变变化曾在该处发生过反向，根据材料记忆特性，应力-应变响应将在 2—3—2′ 形成封闭环，而且不会影响随后的应力-应变响应。因此，应该按路径 1—2—4 计算第 4 点的应力响应。根据式(4-15)的滞回环方程，有

$$\Delta\varepsilon_{1-4} = \frac{\Delta\sigma_{1-4}}{E} + 2\left(\frac{\Delta\sigma_{1-4}}{2K'}\right)^{\frac{1}{n'}}$$

式中，$\Delta\varepsilon_{1-4} = |\varepsilon_1 - \varepsilon_4|$，$\Delta\sigma_{1-4} = |\sigma_1 - \sigma_4|$，$\sigma_4$ 和 ε_4 分别是点 4 处的应力和应变。求出 $\Delta\sigma_{1-4}$ 后，可以得到点 4 处的应力为

$$\sigma_4 = \sigma_1 - \Delta\sigma_{1-4}$$

类似地，可以根据式(4-15)的滞回环方程，求出 $\Delta\sigma_{4-5}$、$\Delta\sigma_{5-6}$、$\Delta\sigma_{6-7}$ 和 $\Delta\sigma_{7-8}$，进而计算点 5、6、7 和 8 处的应力 σ_5、σ_6、σ_7 和 σ_8。

由点 8 到 1′ 又是一个加载过程。在这个过程中，曲线到达点 7′ 处时，应力-应变响应形成封闭环 7—8—7′，不考虑该封闭环的影响，应力-应变响应必须按照 6—7—1′ 的路径计算；随后曲线经过点 5′ 处时，应力-应变响应又形成封闭环 5—6—5′，不考虑该封闭环的影响，应力-应变响应必须按照 4—5—1′ 路径计算；最后到达点 1′ 时，再次形成封闭环 1—4—1′。因此点 1′ 处的应力应与点 1 处的相同，即有

$$\sigma_{1'} = \sigma_1$$

根据以上各点的应力、应变数据，在坐标图中描点，再将各点依次连接起来，就可以得到应力-应变曲线，如图 4.7(b)所示。从图中可以看出，该例的应力-应变响应共形成了 1—4—1′，2—3—2′，5—6—5′ 及 7—8—7′ 四个封闭滞回环，对应四个完整的具有不同循环特性的载荷循环。

如果采用雨流计数法对图 4.7(a)所示的典型载荷谱块进行分析，就会发现雨流计数法的结果与循环应力-应变响应计算的结果完全一致。这说明了雨流计数法的合理性。

总结一下，针对典型载荷谱块的随机载荷下应力-应变响应的计算方法可以归纳为以下几点。

（1）典型载荷谱块的起止点一般是随机载荷谱中的最大峰或谷处。起点处的应力-应变关系可以采用式(4-13)给出的循环应力幅-应变幅方程描述，利用已知的应变幅（或应

力幅)计算应力幅(或应变幅)。

(2) 后续的加卸载过程,采用式(4-15)的增量形式的滞回环方程描述,利用已知的应变增量(或应力增量)计算应力增量(或应变增量),然后计算相应峰(或谷)处的应力幅(或应变幅)。

对于卸载过程,有

$$\sigma_k = \sigma_i - \Delta\sigma_{i-k} \ , \ \varepsilon_k = \varepsilon_i - \Delta\varepsilon_{i-k}$$

对于加载过程,有

$$\sigma_k = \sigma_i + \Delta\sigma_{i-k} \ , \ \varepsilon_k = \varepsilon_i + \Delta\varepsilon_{i-k}$$

式中,下标 i 为计算参考点, k 为当前计算点, $\Delta\sigma_{i-k}$ 和 $\Delta\varepsilon_{i-k}$ 为从计算参考点 i 到当前计算点 k 的应力和应变增量。

(3) 注意利用材料的记忆特性。如果应变第二次到达某值,并且此前在该值处曾发生过应变变化的反向,则应力-应变曲线将形成封闭滞回环。由于封闭环不影响其后的应力-应变响应,因此应该按照去掉封闭环后的载荷路径计算后续响应。

(4) 依据各峰谷点的应力、应变数据,在坐标图中描点,并且连线,画出应力-应变曲线。

应该指出,由于式(4-13)和式(4-15)的非线性,在由应变幅计算应力幅或由应变增量计算应力增量时,需要采用数值方法(或试凑法)求解。

例 4.1 某随机应变谱的典型载荷谱块如图 4.8 所示。已知 $E = 210 \text{ GPa}$, $K' = 1220 \text{ MPa}$, $n' = 0.2$,试计算其应力-应变响应。

解 利用式(4-13)的循环应力幅-应变幅方程计算点 1 处的应力,即

$$\varepsilon_1 = \frac{\sigma_1}{E} + \left(\frac{\sigma_1}{K'}\right)^{\frac{1}{n'}}$$

代入 $\varepsilon_1 = 0.01$, $E = 210 \text{ GPa}$, $K' = 1220 \text{ MPa}$ 和 $n' = 0.2$,求得

$$\sigma_1 = 462 \text{ MPa}$$

利用式(4-15)的滞回环方程计算后续响应。由点 1 到点 2 是一个卸载过程,有

$$\Delta\varepsilon_{1-2} = \frac{\Delta\sigma_{1-2}}{E} + 2\left(\frac{\Delta\sigma_{1-2}}{2K'}\right)^{\frac{1}{n'}}$$

代入 $\Delta\varepsilon_{1-2} = 0.012$, $E = 210 \text{ GPa}$, $K' = 1220 \text{ MPa}$ 和 $n' = 0.2$,求得

$$\Delta\sigma_{1-2} = 812 \text{ MPa}$$

因此

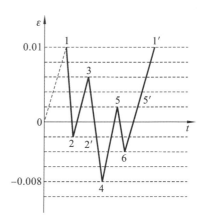

图 4.8 例 4.1 某随机应变谱的典型载荷谱块

$$\sigma_2 = \sigma_1 - \Delta\sigma_{1-2} = -350 \text{ MPa}$$

由点 2 到点 3 是一个加载过程，类似地可以计算应力增量 $\Delta\sigma_{2-3} = 722$ MPa，进而可求得 $\sigma_3 = \sigma_2 + \Delta\sigma_{2-3} = 372$ MPa。

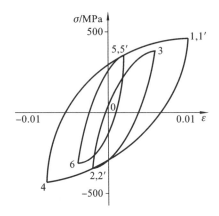

图 4.9　例 4.1 的应力-应变曲线

由点 3 到点 4 是一个卸载过程。当曲线到达 2′时，形成 2—3—2′封闭环。不考虑其影响，按 1—2—4 的卸载路径计算。利用式(4-15)，由点 1 到点 4 的应变增量 $\Delta\varepsilon_{1-4} = 0.018$，计算应力增量 $\Delta\sigma_{1-4} = 900$ MPa，进而得到 $\sigma_4 = -438$ MPa。

由点 4 到点 5 是一个加载过程，根据应变增量 $\Delta\varepsilon_{4-5} = 0.01$，计算应力增量 $\Delta\sigma_{4-5} = 772$ MPa，进而得到 $\sigma_5 = 334$ MPa。

由点 5 到点 6 是一个卸载过程，根据应变增量 $\Delta\varepsilon_{5-6} = 0.006$，计算应力增量 $\Delta\sigma_{5-6} = 658$ MPa，进而得到 $\sigma_6 = -324$ MPa。

由点 6 到点 1′是一个加载过程。加载到点 5′时，5—6—5′形成封闭环。因此，应考虑路径 4—1′。加载到点 1′时，1—4—1′形成封闭环。因此有

$$\sigma_{1'} = \sigma_1 = 462 \text{ MPa}$$

应力-应变曲线如图 4.9 所示。

4.4　低周疲劳分析

4.4.1　应变-寿命关系

按照标准试验方法，在 $R = -1$ 的对称循环载荷下，开展给定应变幅下的对称恒幅循环疲劳试验，可得到图 4.10 所示的应变-寿命曲线。图中，载荷用应变幅 ε_a 表示，寿命用载荷反向次数表示。注意到每个载荷循环有两次载荷反向，若 N 为总的载荷循环次数，则 $2N$ 就是总的载荷反向次数。很明显，应变幅 ε_a 越小，寿命 N 越长；若载荷（应力幅 σ_a 或应变幅 ε_a）低于某一载荷水平，则寿命可以趋于无穷大。

将总应变幅表示为弹性应变幅 ε_{ea} 和塑性应变幅 ε_{pa} 之和，有

$$\varepsilon_{pa} = \varepsilon_a - \varepsilon_{ea}$$

和

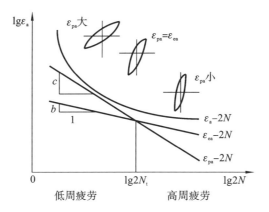

图 4.10 典型的应变-寿命曲线

$$\varepsilon_{ea} = \frac{\sigma_a}{E}$$

在图 4.10 中分别画出 $\lg\varepsilon_{ea} - \lg(2N)$ 和 $\lg\varepsilon_{pa} - \lg(2N)$ 之间的关系,很明显它们都呈对数线性关系。由此,分别有

$$\varepsilon_{ea} = \frac{\sigma'_f}{E}(2N)^b \tag{4-16}$$

$$\varepsilon_{pa} = \varepsilon'_f(2N)^c \tag{4-17}$$

式(4-16)反映了弹性应变幅 ε_{ea} 与寿命 N 之间的关系,σ'_f 称为疲劳强度系数,具有应力量纲;b 为疲劳强度指数,一般为 $-0.06\sim-0.14$,估计时可取 -0.1。式(4-17)反映塑性应变幅 ε_{pa} 与寿命 N 之间的关系,ε'_f 称为疲劳延性系数,与应变一样,无量纲;c 是疲劳延性指数,一般为 $-0.5\sim-0.7$,常取 -0.6。b 和 c 分别为图中两直线的斜率。

因此,应变-寿命关系可以表示为

$$\varepsilon_a = \varepsilon_{ea} + \varepsilon_{pa} = \frac{\sigma'_f}{E}(2N)^b + \varepsilon'_f(2N)^c \tag{4-18}$$

在长寿命区间,有 $\varepsilon_a \approx \varepsilon_{ea}$,以弹性应变幅 ε_{ea} 为主,塑性应变幅 ε_{pa} 的影响可以忽略。式(4-16)可以改写为

$$\varepsilon_{ea}^{m_1} N = c_1$$

这与反映高周疲劳性能的 Basquin 公式一致。

在短寿命区间,有 $\varepsilon_a \approx \varepsilon_{pa}$,以塑性应变幅 ε_{pa} 为主,弹性应变幅 ε_{ea} 的影响可以忽略。式(4-17)可以改写为

$$\varepsilon_{pa}^{m_2} N = c_2$$

这就是著名的 Manson-Coffin 低周应变疲劳公式。

如果 $\varepsilon_{pa} = \varepsilon_{ea}$,则根据式(4-16)和(4-17)有

$$\frac{\sigma'_{\mathrm{f}}}{E}(2N)^b = \varepsilon'_{\mathrm{f}}(2N)^c$$

由此可求得

$$2N_{\mathrm{t}} = \left(\frac{\varepsilon'_{\mathrm{f}}E}{\sigma'_{\mathrm{f}}}\right)^{\frac{1}{b-c}} \tag{4-19}$$

式中，N_{t} 称为转变寿命，若寿命大于 N_{t}，则载荷以弹性应变为主，是高周应力疲劳；若寿命小于 N_{t}，则载荷以塑性应变为主，是低周应变疲劳，如图 4.10 所示。

4.4.2　材料循环和疲劳性能参数之间的关系

根据式(4-13)给出的材料循环应力幅-应变幅关系，有

$$\sigma_{\mathrm{a}} = E\varepsilon_{\mathrm{ea}}$$

和

$$\sigma_{\mathrm{a}} = K'\varepsilon_{\mathrm{pa}}^{n'}$$

再根据式(4-18)给出的材料应变-寿命关系，又有

$$\varepsilon_{\mathrm{ea}} = \frac{\sigma'_{\mathrm{f}}}{E}(2N)^b$$

和

$$\varepsilon_{\mathrm{pa}} = \varepsilon'_{\mathrm{f}}(2N)^c$$

由上述四个方程，可得到关于 $\varepsilon_{\mathrm{ea}}$、$\varepsilon_{\mathrm{pa}}$ 的两个方程，即

$$E\varepsilon_{\mathrm{ea}} - K'\varepsilon_{\mathrm{pa}}^{n'} = 0$$

$$E\varepsilon_{\mathrm{ea}} - \frac{\sigma'_{\mathrm{f}}}{(\varepsilon'_{\mathrm{f}})^{\frac{b}{c}}}(\varepsilon_{\mathrm{pa}})^{\frac{b}{c}} = 0$$

很显然，要使上述两个方程一致，$\varepsilon_{\mathrm{pa}}$ 项的系数和指数必须分别相等，因此六个参数之间必然满足下列关系：

$$K' = \frac{\sigma'_{\mathrm{f}}}{(\varepsilon'_{\mathrm{f}})^{\frac{b}{c}}}$$

和

$$n' = \frac{b}{c}$$

注意到上述各系数都需要根据试验结果拟合，因此在数值上往往并不能严格满足上述关系。但是如果它们之间的关系与上述二式相差很大，则应引起注意。

4.4.3　应变-寿命曲线的近似估计

在应变控制下，一般金属材料的应变-寿命关系具有如图 4.11 所示的特征。当应变幅 $\varepsilon_{\mathrm{a}} = 0.01$ 时，许多材料都有大致相同的寿命。在高应变区间，材料的延性越好，寿命越

长;而在低应变区间,强度高的材料寿命长一些。

1965 年,Manson 在针对钢、钛、铝合金材料开展的大量试验研究的基础上,提出了一个由材料单调拉伸性能估计应变-寿命曲线的经验公式:

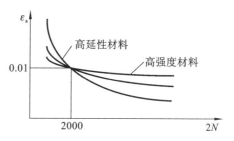

图 4.11 不同金属应变-寿命关系的特征

$$\Delta\varepsilon = 3.5\,\frac{\sigma_u}{E}N^{-0.12} + \varepsilon_f^{0.6}N^{-0.6} \qquad (4\text{-}20)$$

式中,σ_u 为材料的极限强度;ε_f 是断裂真应变。它们都可以通过单调拉伸试验得到。应变范围 $\Delta\varepsilon = 2\varepsilon_a$。

4.4.4 平均应力的影响

式(4-20)给出的关于应变-寿命关系的估计值,仅适用于恒幅对称应变循环。那么,平均应力或平均应变的影响应如何考虑呢?在美国汽车工程师协会(SAE)的《疲劳设计手册》中,采用下述经验公式考虑平均应力的影响。

$$\varepsilon_a = \frac{\sigma_f' - \sigma_m}{E}(2N)^b + \varepsilon_f'(2N)^c \qquad (4\text{-}21)$$

式中,σ_m 为平均应力。在对称循环载荷下,当 $\sigma_m = 0$ 时,式(4-21)即退化为式(4-18)。

注意到在式(4-18)中,b、c 都小于零,因此当寿命 N 相同时,平均应力越大,可承受的应变幅 ε_a 越小;或应变幅不变,平均应力越大,则寿命 N 越短。可见,拉伸平均应力是有害的,压缩平均应力则可提高疲劳寿命。

4.4.5 疲劳寿命估算

现在讨论利用应变-寿命曲线进行疲劳寿命估算的方法。

假定应变或应力历程已知,则必须首先进行循环应力-应变响应分析,得到稳态滞回环,确定循环应变幅 ε_a 和平均应力 σ_m,然后利用式(4-21)估算疲劳寿命 N。如果构件承受的是恒幅对称应变循环,则 $\sigma_m = 0$,可直接利用式(4-18)估算疲劳寿命 N。

例 4.2 某试件所用材料 $E = 210$ GPa,$n' = 0.2$,$K' = 1220$ MPa,$\sigma_f' = 930$ MPa,$b = -0.095$,$c = -0.47$,$\varepsilon_f' = 0.26$,试估计该试件在如图 4.12 所示的三种应变历程下的寿命。

解 对于情况(A),其为恒幅对称应变循环,并且有

$$\varepsilon_a = 0.005 \text{ 和 } \sigma_m = 0$$

因此可以利用式(4-18)估算疲劳寿命 N,有

$$\varepsilon_a = \frac{\sigma_f'}{E}(2N)^b + \varepsilon_f'(2N)^c = 0.005$$

求解方程,得 $N = 5858$。

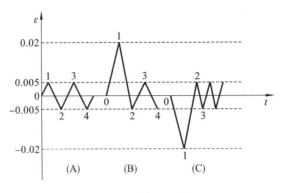

图 4.12　例 4.2 图 1

对于情况(B)，首先计算循环应力-应变响应。对于点 1，根据式(4-13)的循环应力幅-应变幅方程，有

$$\varepsilon_1 = \frac{\sigma_1}{E} + \left(\frac{\sigma_1}{K'}\right)^{\frac{1}{n'}} = 0.02$$

求解可得 $\sigma_1 = 542$ MPa。

由点 1 到点 2 是一个卸载过程，根据式(4-15)的滞回环方程，有

$$\Delta\varepsilon_{1-2} = \frac{\Delta\sigma_{1-2}}{E} + 2\left(\frac{\Delta\sigma_{1-2}}{2K'}\right)^{\frac{1}{n'}} = 0.025$$

求解可得

$$\Delta\sigma_{1-2} = 972 \text{ MPa}$$

因此有

$$\sigma_2 = \sigma_1 - \Delta\sigma_{1-2} = -430 \text{ MPa}$$

由点 2 到点 3 是一个加载过程，根据式(4-15)的滞回环方程，利用 $\Delta\varepsilon_{2-3} = 0.01$ 可求得 $\Delta\sigma_{2-3} = 772$ MPa，因此

$$\sigma_3 = \sigma_2 + \Delta\sigma_{2-3} = 342 \text{ MPa}$$

由点 3 到点 4 又是一个卸载过程。注意到 2—3—4 形成一个封闭滞回环，因此有

$$\sigma_4 = \sigma_2 = -430 \text{ MPa}$$

画出情况(B)的循环应力-应变曲线，如图 4.13 所示。图中的稳态环有

$$\varepsilon_a = \frac{\varepsilon_3 - \varepsilon_4}{2} = 0.005 \text{ 和 } \sigma_m = \frac{\sigma_3 + \sigma_4}{2} = -44 \text{ MPa}$$

将它们代入式(4-21)估算寿命，有

$$\varepsilon_a = \frac{\sigma_f' - \sigma_m}{E}(2N)^b + \varepsilon_f'(2N)^c$$

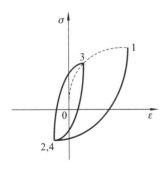

图 4.13　例 4.2 图 2

求解得 $N=6170$。

可见，拉伸高载后引入了残余压应力（$\sigma_m<0$），疲劳寿命得到延长，是有利的。

对于情况（C），首先计算循环应力-应变响应。与情况（B）类似，根据式（4-13）的循环应力幅-应变幅方程，可以求得点 1 处的应力。注意到应变为负，因此应力也为负，因此 $\sigma_1=-542$ MPa。

由点 1 到点 2 是一个加载过程，根据式（4-15）的滞回环方程，由 $\Delta\varepsilon_{1-2}=0.025$ 可求得

$$\Delta\sigma_{1-2}=972 \text{ MPa}$$

因此有

$$\sigma_2=\sigma_1+\Delta\sigma_{1-2}=430 \text{ MPa}$$

由点 2 到点 3 是一个卸载过程，同样，根据式（4-15）的滞回环方程，利用 $\Delta\varepsilon_{2-3}=0.01$ 可求得 $\Delta\sigma_{2-3}=772$ MPa，因此

$$\sigma_3=\sigma_2-\Delta\sigma_{2-3}=-342 \text{ MPa}$$

由点 3 到点 4 又是一个加载过程，并且 2—3—4 形成一个封闭滞回环。

画出情况（C）的循环应力-应变曲线，如图 4.14 所示。图中的稳态环有 $\varepsilon_a=0.005$ 和 $\sigma_m=44$ MPa，代入式（4-21）估算寿命，求解得 $N=5565$。

可见，压缩高载后引入了残余拉应力（$\sigma_m>0$），疲劳寿命被缩短，是有害的。

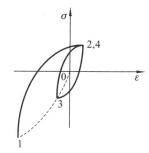

图 4.14　例 4.2 图 3

4.5　缺口件的疲劳

由于应力集中效应，缺口件的高应力区或裂纹起始位置通常位于缺口根部。考虑到工程中缺口件的广泛使用，掌握缺口件的疲劳寿命分析和预测方法就显得非常重要。

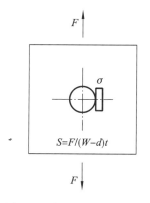

图 4.15　缺口根部的应力集中

假设在循环载荷作用下缺口根部发生的疲劳损伤，与承受同样应力或应变历程的光滑件发生的疲劳损伤相同，这样就可以将缺口件的疲劳问题转化为光滑件的疲劳问题。以图 4.15 所示的缺口件为例，如果将缺口根部的材料元看作一个小试件，那么它在局部应力或应变循环作用下的疲劳寿命，按照上面的假设，就可以根据承受同样载荷历程的光滑件来预测。

因此，如果已知缺口件的名义应力或名义应变，则问题就转化为如何确定缺口根部的局部应力和局部应变。

4.5.1　缺口根部的局部应力-应变分析

缺口件的名义应力,没有考虑缺口带来的应力集中。对于图 4.15 中的缺口件,名义应力 S 等于载荷 F 除以净面积 A,即

$$S = \frac{F}{A} = \frac{F}{(W-d)t}$$

式中,W 和 t 分别为缺口件的宽度和厚度;d 为缺口直径。

名义应变 e 则可由式(4-12)根据名义应力得到。

设缺口根部的局部应力为 σ,局部应变为 ε。如果应力水平较低,则问题近似为弹性问题,缺口根部的局部应力和应变与名义应力和应变之间的关系可以表示为

$$\sigma = K_t S$$

$$\varepsilon = K_t e$$

式中,K_t 是弹性应力集中系数,一般可查手册得到。

如果应力水平较高,塑性应变占据主导地位,则缺口根部的局部应力和应变与名义应力和应变之间的关系,不再适合采用弹性应力集中系数描述。为此,需要重新定义缺口应力(或应变)集中系数。

$$\sigma = K_\sigma S$$

$$\varepsilon = K_\varepsilon e$$

式中,K_σ 称为应力集中系数;K_ε 称为应变集中系数。

无论是名义应力和名义应变,还是缺口根部的局部应力和局部应变,都应满足式(4-12)的材料本构关系。为了求解局部应力和局部应变,必须再补充关于 K_t、K_σ 和 K_ε 之间的一个方程。一般来说,K_σ 和 K_ε 可以采用数值方法求解获得。这里分别讨论两种极端情况的近似估计。

1) 平面应变情况

线性理论假设应变集中系数 K_ε 等于弹性应力集中系数 K_t,即

$$K_\varepsilon = K_t \tag{4-22}$$

称为应变集中的不变性假设,可用于平面应变情况。

在这种情况下,如果已知名义应力 S,就可以根据式(4-12)求出名义应变 e;或已知名义应变 e,就可以求出名义应力 S。然后,利用线性理论,确定缺口根部的局部应变 ε。

$$\varepsilon = K_\varepsilon e = K_t e$$

进而根据式(4-12)计算缺口根部的局部应力 σ。其解答如图 4.16 中的 C 点所示。

2) 平面应力情况

对于平面应力情况,如带缺口薄板拉伸,Neuber 假定

$$K_\sigma K_\varepsilon = K_t^2 \tag{4-23}$$

左右两边同时乘以 eS，有

$$K_\varepsilon K_\sigma eS = K_t^2 eS$$

注意到 $K_\varepsilon e$ 为缺口局部应变 ε，$K_\sigma S$ 为缺口局部应力 σ，因此

$$\varepsilon\sigma = K_t^2 eS \qquad (4\text{-}24)$$

称为 Neuber 双曲线。

在这种情况下，联立式（4-12）和式（4-24），即可由名义应力 S 和名义应变 e 求解获得缺口根部的局部应力 σ 和局部应变 ε。在图 4.16 中，Neuber 双曲线与材料应力-应变曲线的交点 D，就是 Neuber 理论的解答。

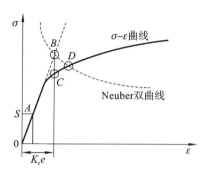

图 4.16   缺口根部的应力应变解

例 4.3 已知某缺口件材料弹性模量 $E = 60$ GPa，单调强度系数 $K = 2000$ MPa，应变强化指数 $n = 0.125$。设缺口名义应力 $S = 600$ MPa，弹性应力集中系数 $K_t = 3$，试求缺口根部的局部应力和应变。

解 已知缺口名义应力 $S = 600$ MPa，根据式（4-12）可求得名义应变：

$$e = \frac{S}{E} + \left(\frac{S}{K}\right)^{\frac{1}{n}} = 0.01$$

（1）如果问题属于平面应变情况，则根据线性理论，缺口根部的局部应变为

$$\varepsilon = K_t e = 0.03$$

代入式（4-12）

$$\varepsilon = \frac{\sigma}{E} + \left(\frac{\sigma}{K}\right)^{\frac{1}{n}}$$

求解得缺口根部的局部应力为

$$\sigma = 1138 \text{ MPa}$$

（2）如果问题属于平面应力情况，则根据 Neuber 理论有

$$\varepsilon\sigma = K_t^2 eS = 54$$

再根据式（4-12），有

$$\varepsilon = \frac{\sigma}{E} + \left(\frac{\sigma}{K}\right)^{\frac{1}{n}}$$

联立上述两方程，并求解得到

$$\sigma = 1245 \text{ MPa}, \varepsilon = 0.043$$

可见，Neuber 理论的估计大于线性理论，是偏于保守的。因此工程中常用 Neuber 理论进行缺口应力-应变估计。

4.5.2　缺口根部的循环应力-应变响应分析和寿命估算

在循环载荷作用下，缺口根部的局部应力-应变也是随时间变化的。在进行缺口根部的局部应力-应变响应分析时，典型载荷谱块起点处的应力-应变关系可以采用式(4-13)给出的循环应力幅-应变幅方程描述。后续的加卸载过程，采用式(4-15)的增量形式的滞回环方程描述。同时，还要考虑缺口处的应力集中效应。

一般来说，问题可以描述为：已知缺口件的名义应力或名义应变历程，以及缺口根部的弹性应力集中系数，要求分析缺口根部的局部应力和局部应变响应，找出稳态滞回环及其应变幅和平均应力，进而利用应变-寿命关系估算寿命。

计算分析步骤归纳如下。

(1) 根据循环应力幅-应变幅方程和 Neuber 双曲线方程，代入与典型载荷谱块起点（或第 1 点）对应的名义应力 S_1 或名义应变 e_1，有

$$e_1 = \frac{S_1}{E} + \left(\frac{S_1}{K'}\right)^{\frac{1}{n'}}$$

$$\varepsilon_1 = \frac{\sigma_1}{E} + \left(\frac{\sigma_1}{K'}\right)^{\frac{1}{n'}}$$

$$\varepsilon_1 \sigma_1 = K_t^2 e_1 S_1$$

联立求解，得到此时缺口根部的局部应力 σ_1 和局部应变 ε_1。

(2) 在从第 i 点到第 $i+1$ 点的加卸载过程中，根据典型载荷谱块获得名义应力增量 ΔS 或名义应变增量 Δe，代入滞回环方程和 Neuber 双曲线方程，即可计算出缺口根部的局部应力增量 $\Delta\sigma$ 和局部应变增量 $\Delta\varepsilon$。即

$$\Delta e = \frac{\Delta S}{E} + 2\left(\frac{\Delta S}{2K'}\right)^{\frac{1}{n'}}$$

$$\Delta\varepsilon = \frac{\Delta\sigma}{E} + 2\left(\frac{\Delta\sigma}{2K'}\right)^{\frac{1}{n'}}$$

$$\Delta\varepsilon\Delta\sigma = K_t^2 \Delta e \Delta S$$

(3) 在典型载荷谱块中与第 $i+1$ 点对应的缺口根部局部应力 σ_{i+1} 和局部应变 ε_{i+1} 为

$$\sigma_{i+1} = \sigma_i \pm \Delta\sigma$$

$$\varepsilon_{i+1} = \varepsilon_i \pm \Delta\varepsilon$$

式中，加载时用"$+$"，卸载时用"$-$"。

(4) 确定稳态环的应变幅 ε_a 和平均应力 σ_m。

(5) 利用式(4-21)或(4-18)的应变-寿命关系估算寿命。

例 4.4　某压力容器承受恒幅循环载荷作用，名义应力谱如图 4.17 所示。焊缝 $K_t = 3$，材料参数 $E = 200$ GPa，$\sigma_f' = 1700$ MPa，$\varepsilon_f' = 0.6$，$b = -0.1$，$c = -0.7$，$K' = 1600$ MPa，n'

=0.125,试估算其寿命。

解 (1)计算缺口根部的局部应力-应变循环响应。

根据名义应力谱,点 1 处的名义应力 $S_1 = 400$ MPa。

由循环应力幅-应变幅方程计算名义应变

$$e_1 = \frac{S_1}{E} + \left(\frac{S_1}{K'}\right)^{\frac{1}{n'}} = 0.00202$$

代入 Neuber 双曲线方程,有

$$\varepsilon_1 \sigma_1 = K_t^2 e_1 S_1 = 7.272$$

并与循环应力幅-应变幅方程

$$\varepsilon_1 = \frac{\sigma_1}{E} + \left(\frac{\sigma_1}{K'}\right)^{\frac{1}{n'}}$$

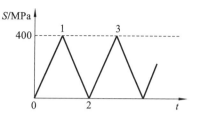

图 4.17 例 4.4 图 1

联立求解,得

$$\sigma_1 = 820 \text{ MPa}, \varepsilon_1 = 0.0089$$

由点 1 到点 2 是一个卸载过程。根据名义应力谱,名义应力增量 $\Delta S_{1-2} = 400$ MPa,再由滞回环方程计算名义应变增量。

$$\Delta e_{1-2} = \frac{\Delta S_{1-2}}{E} + 2\left(\frac{\Delta S_{1-2}}{2K'}\right)^{\frac{1}{n'}} = 0.002$$

代入 Neuber 双曲线方程

$$\Delta \varepsilon_{1-2} \Delta \sigma_{1-2} = K_t^2 \Delta e_{1-2} \Delta S_{1-2} = 7.2$$

并与滞回环方程

$$\Delta \varepsilon_{1-2} = \frac{\Delta \sigma_{1-2}}{E} + 2\left(\frac{\Delta \sigma_{1-2}}{2K'}\right)^{\frac{1}{n'}}$$

联立求解得

$$\Delta \sigma_{1-2} = 1146 \text{ MPa}, \Delta \varepsilon_{1-2} = 0.006283$$

因此

$$\sigma_2 = \sigma_1 - \Delta \sigma_{1-2} = -326 \text{ MPa}$$

$$\varepsilon_2 = \varepsilon_1 - \Delta \varepsilon_{1-2} = 0.002617$$

由点 2 到点 3 是一个加载过程。根据名义应力谱,名义应力增量 $\Delta S_{2-3} = 400$ MPa,再由滞回环方程计算名义应变增量。

$$\Delta e_{2-3} = \frac{\Delta S_{2-3}}{E} + 2\left(\frac{\Delta S_{2-3}}{2K'}\right)^{\frac{1}{n'}} = 0.002$$

与前面的计算类似,代入 Neuber 双曲线方程,并与滞回环方程联立求解,可得

$$\Delta \sigma_{2-3} = 1146 \text{ MPa}, \Delta \varepsilon_{2-3} = 0.006283$$

因此

$$\sigma_3 = 820 \text{ MPa}, \varepsilon_3 = 0.0089$$

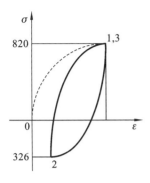

图 4.18　例 4.4 图 2

（2）缺口根部的局部应力-应变响应如图 4.18 所示。根据稳态滞回环，有

$$\varepsilon_a = \frac{\varepsilon_1 - \varepsilon_2}{2} = 0.003141$$

$$\sigma_m = \frac{\sigma_1 + \sigma_2}{2} = 247 \text{ MPa}$$

（3）求寿命。根据式（4-21），有

$$\varepsilon_a = \frac{\sigma'_f - \sigma_m}{E}(2N)^b + \varepsilon'_f(2N)^c$$

代入各参数，求得 $N = 12470$。

在变幅载荷作用下，仍然可以采用 Palmgren-Miner 理论进行损伤累积和寿命估算。下面通过一个实例说明其具体方法。

例 4.5　例 4.4 中的压力容器先在 $S_{max1} = 400$ MPa、$R_1 = 0$ 的载荷下工作 $n_1 = 5000$ 次循环，再在 $S_{max2} = 500$ MPa、$R_2 = 0.2$ 的载荷下工作，名义应力谱如图 4.19 所示，求构件还能继续工作的循环次数 n_2。

解　根据 Palmgren-Miner 理论，压力容器要在两种循环载荷下工作达到破坏，必须满足

$$D = \frac{n_1}{N_1} + \frac{n_2}{N_2} = 1$$

根据例 4.4 的计算结果，压力容器在 $S_{max1} = 400$ MPa、$R_1 = 0$ 载荷单独作用下的寿命 $N_1 = 12470$ 次循环，又已知 $n_1 = 5000$。因此只要再求得压力容器在 $S_{max2} = 500$ MPa、$R_2 = 0.2$ 载荷单独作用下的寿命 N_2，即可估算剩余寿命 n_2。

参照例 4.4 的计算方法，计算在 $S_{max2} = 500$ MPa、$R_2 = 0.2$ 载荷作用下缺口根部的局部应力-应变循环响应。

根据名义应力谱，由 Neuber 双曲线方程和循环应力幅-应变幅方程，可以求得点 1、2 和 3 处缺口根部的局部应力和局部应变：

$$\sigma_1 = 885 \text{ MPa}, \varepsilon_1 = 0.01317$$

$$\sigma_2 = -261 \text{ MPa}, \varepsilon_2 = 0.006887$$

$$\sigma_3 = \sigma_1, \varepsilon_3 = \varepsilon_1$$

缺口根部的局部应力-应变响应如图 4.20 所示。

根据稳态滞回环求出：

$$\varepsilon_a = 0.003141, \sigma_m = 312 \text{ MPa}$$

根据式（4-21），求得在此恒幅载荷作用下的寿命 $N_2 = 10341$ 次循环。

再代入 $\frac{n_1}{N_1} + \frac{n_2}{N_2} = 1$，求得 $n_2 = 6195$。

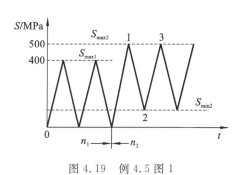

图 4.19 例 4.5 图 1

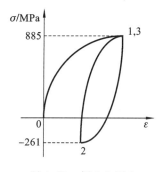

图 4.20 例 4.5 图 2

小 结

（1）材料的循环应力-应变响应可以由循环应力幅-应变幅方程和滞回环方程描述。
循环应力幅-应变幅方程：

$$\varepsilon_a = \varepsilon_{ea} + \varepsilon_{pa} = \frac{\sigma_a}{E} + \left(\frac{\sigma_a}{K'}\right)^{\frac{1}{n}}$$

滞回环方程：

$$\Delta\varepsilon = \frac{\Delta\sigma}{E} + 2\left(\frac{\Delta\sigma}{2K'}\right)^{\frac{1}{n}}$$

（2）针对典型载荷谱块的应力-应变响应计算：

①载荷谱块起点处的应力-应变关系采用循环应力幅-应变幅方程描述，可以利用已知的应变幅（或应力幅）计算应力幅（或应变幅）；

②后续的加卸载过程采用滞回环方程描述，可以利用已知的应变增量（或应力增量）计算应力增量（或应变增量），然后计算相应峰（或谷）处的应力幅（或应变幅）；

③注意利用材料的记忆特性，如果应变第二次到达某值，并且此前在该值处曾发生过应变变化的反向，则应力-应变曲线将形成封闭滞回环，应该按照去掉封闭环后的载荷路径计算后续响应。

（3）材料的低周疲劳性能由应变-寿命关系描述。

对称循环下的应变-寿命关系：

$$\varepsilon_a = \varepsilon_{ea} + \varepsilon_{pa} = \frac{\sigma'_f}{E}(2N)^b + \varepsilon'_f(2N)^c$$

考虑平均应力的影响：

$$\varepsilon_a = \frac{\sigma'_f - \sigma_m}{E}(2N)^b + \varepsilon'_f(2N)^c$$

（4）N_t 是以塑性应变为主的低周应变疲劳与以弹性应变为主的高周应力疲劳之间的转变寿命。

$$2N_t = \left(\frac{\varepsilon_f' E}{\sigma_f'}\right)^{\frac{1}{b-c}}$$

（5）低周疲劳寿命估算方法：

根据应力或应变历程，计算循环应力-应变响应，再由稳态滞回环确定循环应变幅和平均应力，最后利用应变-寿命关系计算寿命。

（6）缺口根部局部应力-应变响应分析和寿命计算：

①利用循环应力幅-应变幅方程，根据载荷谱块起点处的名义应变（或名义应力）计算名义应力（或名义应变），联立 Neuber 双曲线方程和循环应力幅-应变幅方程，计算缺口根部的局部应力和局部应变；

②在后续的加卸载过程中，根据载荷谱块确定名义应变增量（或名义应力增量），利用滞回环方程计算相应的名义应力增量（或名义应变增量），然后，联立 Neuber 双曲线方程和滞回环方程，计算缺口根部的局部应力增量和局部应变增量，最后，计算加卸载过程结束点缺口根部的局部应力和局部应变；

③获得稳态滞回环，并计算循环应变幅和平均应力；

④利用应变-寿命关系计算寿命。

（7）在变幅载荷作用下，Palmgren-Miner 理论也是适用的。

思考题与习题

4-1　什么是应力疲劳？什么是应变疲劳？试述其联系与差别。

4-2　什么是材料的循环性能？什么是材料的疲劳性能？如何描述？

4-3　如果工程应变分别为 0.2%，0.5%，1%，2% 和 5%，试估算工程应力与真实应力，工程应变与真实应变之间的差别有多大？

4-4　若真实应力-应变服从幂律关系 $\sigma = K\varepsilon_p^n$，试证明应变强化指数 n 等于颈缩开始时的真塑性应变（提示：颈缩开始时，工程应力-应变曲线的斜率为 0，即 $\frac{dS}{de} = 0$）。

4-5　表 4.1 给出了某试件在恒幅应变对称循环载荷条件下获得的一组试验结果，$E = 200$ GPa，试确定：

①循环应力幅-应变幅方程；

②应变-寿命关系；

③$\varepsilon_a = 0.0075$ 时的疲劳寿命。

表 4.1 习题 4-5 表

ε_a	0.002	0.005	0.010	0.015
σ_a / MPa	260	370	420	440
$2N/次$	416700	15900	2670	990

4-6 试导出转变寿命 $2N_t = \left(\dfrac{\varepsilon_f' E}{\sigma_f'}\right)^{\frac{1}{b-c}}$ 的表达式。算出表 4.2 中材料的转变寿命 $2N_t$,并确定此时的总应变幅 ε_a。

表 4.2 习题 4-6 表

参数	σ_f'/MPa	ε_f'	b	c	E/GPa
低强钢	800	1.0	-0.1	-0.5	200
高强钢	2700	0.1	-0.08	-0.7	210
RQC-100 钢	1240	0.66	-0.07	-0.69	200
2024-T3 铝	1100	0.22	-0.124	-0.59	70

4-7 材料的循环性能如下:$E = 210 \text{ GPa}, K' = 1220 \text{ MPa}, n' = 0.2$。试计算图 4.21 所示应力谱下的循环应力-应变响应。

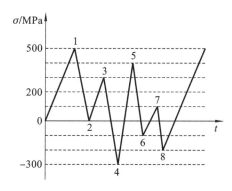

图 4.21 习题 4-7 图

4-8 某镍合金钢性能如下:$E = 200 \text{ GPa}, K' = 1530 \text{ MPa}, n' = 0.07, \sigma_f' = 1640 \text{ MPa}$, $\varepsilon_f' = 2.6, b = -0.06, c = -0.82$。试估算其在图 4.22 所示两种载荷条件下的寿命。

(a)$\varepsilon_a = 0.01, \varepsilon_m = 0$;

(b)$\varepsilon_a = 0.01, \varepsilon_m = 0.01$。

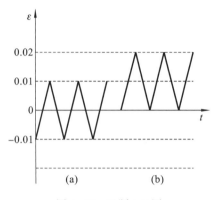

图 4.22　习题 4-8 图

4-9　某压力容器构件有一缺口，$K_t = 3$，承受名义应力 $S_{max} = 500$ MPa、$S_{min} = 50$ MPa 的循环载荷作用。已知材料参数 $E = 200$ GPa，$K' = 1600$ MPa，$\sigma'_f = 1700$ MPa，$n' = 0.125$，$b = -0.1$，$c = -0.7$，$\varepsilon'_f = 0.6$。试估算其寿命。

第5章　线弹性断裂力学

材料或结构中的缺陷(其最严重形式是裂纹)是不可避免的。由缺陷引起的断裂,是工程中最重要和最常见的失效模式。在人们还不能深刻认识断裂破坏的机理和规律的时候,若发现零、构件存在或出现裂纹,大都只能够按不合格或报废进行处理,这往往会造成巨大的浪费。从 20 世纪初开始,尤其是 20 世纪 50 年代以后,人们对含裂纹(或缺陷)物体的广泛研究,深化了对断裂问题的认识,逐步形成了完整的"断裂力学"理论体系。以此为基础,人们控制断裂、控制裂纹扩展的能力不断增强。

断裂力学是研究材料抗断裂性能,以及在各种条件下含裂纹(或缺陷)物体变形和断裂规律的一门学科。线弹性断裂力学(linear elastic fracture mechanics)假设含裂纹(或缺陷)物体内部应力-应变的关系是线性的,满足 Hooke 定律。对于金属材料,由于高度的应力集中,裂纹尖端周围通常存在一定范围的塑性变形区域,因此严格的线弹性断裂问题几乎不存在。但是,理论和试验研究都已经证明,只要塑性区尺寸远小于裂纹尺寸,经过适当修正,线弹性断裂力学的结果仍然是适用的。而对于高强度钢、陶瓷和在低温下工作的许多材料或构件,断裂塑性区尺寸很小,线弹性断裂力学理论则完全适用。

5.1　结构中的裂纹

按照静强度设计,控制工作应力 σ 小于材料的许用应力 $[\sigma]$,人们完成了许多成功的设计。但是,即使在 $\sigma \leqslant [\sigma]$ 时,结构发生破坏的事例也并不鲜见。例如,20 世纪 50 年代,美国北极星导弹固体燃料发动机壳体在发射时发生断裂。

壳体材料为高强度钢,屈服强度 $\sigma_{ys} = 1400$ MPa,计算工作应力 $\sigma \approx 900$ MPa。按传统强度设计,强度是足够的。1965 年 12 月,英国 John Thompson 公司制造的大型氨合成塔在水压试验时断裂成两段,飞出的碎块中最重的达 2 t。断裂起源于焊缝裂纹,发生断裂破坏时的试验应力仅为材料屈服应力的 48%。在我国,汽轮机叶轮叶片、压力容器与管道、车辆轮轴等断裂事故也并不鲜见,图 5.1 即某大型汽轮机转子轴的断裂照片。

这类在静强度足够的情况下发生的断裂,称为低应力断裂。低应力断裂是由各种形式的缺陷引起的,缺陷的最严重形式是裂纹,因为裂纹尖端的应力集中最严重。材料或结构中的裂纹,来源于材料自身的冶金缺陷或在加工、制造、装配及使用等过程中形成的损伤。有的直接以裂纹的形式出现,有的是在疲劳载荷作用下逐渐形成的裂纹。

按照裂纹在结构中所处的位置和裂纹几何特征,常见的工程裂纹可以划分为中心裂纹、边裂纹、表面裂纹和埋藏裂纹等几种类型,如图 5.2 所示。中心裂纹和边裂纹是穿透

图 5.1　大型汽轮机转子轴断裂

整个厚度的，称为穿透厚度裂纹，尺寸用裂纹长度表示即可，其扩展是沿长度方向的。为了数学上的方便，将中心穿透裂纹总长记作 $2a$，边裂纹长度记作 a。表面裂纹是起源于结构表面、未穿透厚度的裂纹，形状通常为半椭圆形，表面方向尺寸用 $2c$ 表示，深度方向尺寸为 a。表面裂纹可以在表面和深度两个方向扩展。埋藏裂纹则位于结构内部，在第 6 章专门介绍。

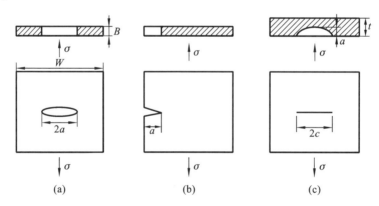

图 5.2　工程裂纹的三种基本形式

（a）中心裂纹；（b）边裂纹；（c）表面裂纹

　　构件中的裂纹，可能受到各种不同形式载荷的作用。按照裂纹承受载荷的形式，常见的工程裂纹可以划分为以下三种类型，如图 5.3 所示。

　　Ⅰ型裂纹，称为张开型（opening mode）裂纹。承受与裂纹面垂直的正应力 σ 作用，裂纹上下表面发生垂直于裂纹面（即沿 y 方向）的位移，该位移使裂纹沿 y 方向张开。张开型裂纹是工程中最常见的、最易于引起断裂破坏发生的裂纹。

Ⅱ型裂纹,称为滑开型(sliding mode)裂纹。承受平行于裂纹面且与裂纹前沿线垂直的切应力 τ 作用,裂纹上下表面发生垂直于裂纹前沿线(即沿 x 方向)的位移,该位移使裂纹沿 x 方向滑开。

Ⅲ型裂纹,称为撕开型(tearing mode)裂纹。承受平行于裂纹面和裂纹前沿线的切应力 τ 作用,裂纹上下表面发生平行于裂纹前沿线(即沿 z 方向)的位移,该位移使裂纹沿 z 方向撕开。

更常见的情况,工程裂纹可以由上述三种基本形式的组合来描述,称为复合型(mixed mode)裂纹。

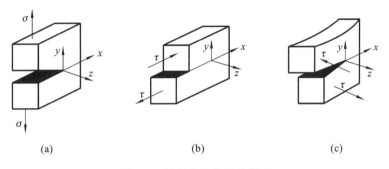

图 5.3　几种常见的裂纹类型

(a)Ⅰ型裂纹;(b)Ⅱ型裂纹;(c)Ⅲ型裂纹

裂纹的存在将引起严重的应力集中,结构或构件的强度不可避免地要被削弱。与原有强度相比,受裂纹影响降低后的强度通常称为剩余强度。在载荷、腐蚀环境等作用下,裂纹一般还将扩展,裂纹尺寸也将随使用时间而增大。因此,随着使用时间的增大,裂纹尺寸增大,剩余强度下降,如图 5.4 所示。

如果工作中出现较大的偶然载荷,结构或构件的剩余强度不足以承受此载荷,就将发生破坏;如果在正常使用载荷下工作,不出现意外高载,则裂纹继续扩展,剩余强度继续降低,直至最后在正常使用载荷下断裂。

因此,断裂力学需要回答下述问题。

(1)裂纹是如何扩展的?

(2)剩余强度与裂纹尺寸的关系如何?

(3)控制含裂纹结构破坏与否的参量是什么? 如何建立破坏(断裂)判据?

(4)裂纹从某初始尺寸扩展到发生破坏的临界裂纹尺寸时,还有多少剩余寿命? 以及结构中可以允许多大的初始裂纹? 临界裂纹尺寸如何确定? 为保证结构安全,在使用中如何安排检修? 等等。

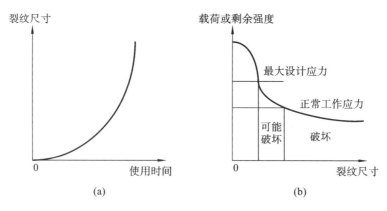

图 5.4　含裂纹结构的剩余强度

（a）裂纹扩展曲线；（b）剩余强度曲线

5.2　平面问题的应力函数及其复变函数表示

5.2.1　弹性力学平面问题的描述

工程中的很多问题都可以近似地处理为平面问题。例如，Ⅰ型和Ⅱ型裂纹问题的应力场只是 x 和 y 的函数，属于平面问题。对于小变形的均匀各向同性材料，不计体力，根据弹性力学理论，平面问题可以做如下描述。

（1）平衡微分方程：

$$\begin{cases} \dfrac{\partial \sigma_x}{\partial x} + \dfrac{\partial \tau_{xy}}{\partial y} = 0 \\[2mm] \dfrac{\partial \tau_{xy}}{\partial x} + \dfrac{\partial \sigma_y}{\partial y} = 0 \end{cases} \tag{5-1}$$

式中，σ_x、σ_y 和 τ_{xy} 分别为正应力和切应力分量。

（2）几何方程：

$$\begin{cases} \varepsilon_x = \dfrac{\partial u_x}{\partial x} \\[2mm] \varepsilon_y = \dfrac{\partial u_y}{\partial y} \\[2mm] \gamma_{xy} = \dfrac{\partial u_x}{\partial y} + \dfrac{\partial u_y}{\partial x} \end{cases} \tag{5-2}$$

式中，ε_x、ε_y 和 γ_{xy} 分别为正应变和切应变分量，u_x 和 u_y 为位移分量。

（3）物理方程：

$$\begin{cases} \varepsilon_x = \dfrac{1}{E_1}(\sigma_x - \nu_1\sigma_y) \\[2mm] \varepsilon_y = \dfrac{1}{E_1}(\sigma_y - \nu_1\sigma_x) \\[2mm] \gamma_{xy} = \dfrac{1}{\mu}\tau_{xy} \end{cases} \tag{5-3}$$

对于平面应力问题,有 $E_1 = E$ 和 $\nu_1 = \nu$;而对于平面应变问题,有 $E_1 = \dfrac{E}{1-\nu^2}$ 和 $\nu_1 = \dfrac{\nu}{1-\nu}$。

这里,E 和 μ 分别为弹性模量和剪切模量,ν 为泊松比。它们满足:

$$\mu = \frac{E}{2(1+\nu)} = \frac{E_1}{2(1+\nu_1)}$$

（4）边界条件：

$$\begin{cases} \sigma_x m + \tau_{xy} n = T_x \\ \tau_{xy} m + \sigma_y n = T_y \end{cases} \tag{5-4}$$

式中,m 和 n 为边界单位外法矢分量,T_x 和 T_y 为边界力分量。

5.2.2 Airy 应力函数

式(5-1)的第一式可以改写为

$$\frac{\partial\sigma_x}{\partial x} = \frac{\partial(-\tau_{xy})}{\partial y}$$

根据微分方程理论,一定存在某个函数 $A(x,y)$,使得

$$\begin{cases} \sigma_x = \dfrac{\partial A}{\partial y} \\[2mm] -\tau_{xy} = \dfrac{\partial A}{\partial x} \end{cases} \tag{5-5}$$

同样,对于式(5-1)的第二式,也一定存在某个函数 $B(x,y)$,使得

$$\begin{cases} -\tau_{xy} = \dfrac{\partial B}{\partial y} \\[2mm] \sigma_y = \dfrac{\partial B}{\partial x} \end{cases} \tag{5-6}$$

根据式(5-5)的第二式和式(5-6)的第一式,有

$$\frac{\partial A}{\partial x} = \frac{\partial B}{\partial y}$$

同样的道理,一定存在某个函数 $\phi(x,y)$,使得

$$\begin{cases} A = \dfrac{\partial\phi}{\partial y} \\[2mm] B = \dfrac{\partial\phi}{\partial x} \end{cases} \tag{5-7}$$

将式(5-7)代入式(5-5)和式(5-6)，得到应力的表达式：

$$\begin{cases} \sigma_x = \dfrac{\partial^2 \phi}{\partial y^2} \\[2mm] \sigma_y = \dfrac{\partial^2 \phi}{\partial x^2} \\[2mm] \tau_{xy} = -\dfrac{\partial^2 \phi}{\partial x \partial y} \end{cases} \tag{5-8}$$

$\phi(x,y)$ 称为平面问题的应力函数。上述推导过程是由 Airy 首先完成的，因此 $\phi(x,y)$ 又称为 Airy 应力函数。

在式(5-2)中，三个应变分量通过两个位移分量来表示，因此三个应变分量不是完全独立的，必须满足下面的相容条件或相容方程。

$$\frac{\partial^2 \varepsilon_x}{\partial y^2} + \frac{\partial^2 \varepsilon_y}{\partial x^2} = \frac{\partial^2 \gamma_{xy}}{\partial x \partial y} \tag{5-9}$$

将物理方程(5-3)代入相容方程(5-9)，得到

$$\frac{\partial^2 (\sigma_x - \nu \sigma_y)}{\partial y^2} + \frac{\partial^2 (\sigma_y - \nu \sigma_x)}{\partial x^2} = 2(1+\nu)\frac{\partial^2 \tau_{xy}}{\partial x \partial y} \tag{5-10}$$

再将式(5-8)代入式(5-10)可以得到

$$\left(\frac{\partial^2}{\partial x^2} + \frac{\partial^2}{\partial y^2} \right)\left(\frac{\partial^2}{\partial x^2} + \frac{\partial^2}{\partial y^2} \right)\phi = \nabla^2 \nabla^2 \phi = 0 \tag{5-11}$$

这表明应力函数 $\phi(x,y)$ 是一个双调和函数。因此，求解平面问题解的任务转变为寻找一个满足边界条件(5-4)的双调和函数。

5.2.3　应力函数的复变函数表示

众所周知，解析函数的实部和虚部都是调和函数，调和函数的线性组合也是调和函数，而且调和函数必定也是双调和函数。因此利用复变函数求解，有时候可以使问题得到意想不到的简化，尤其是对以含缺陷体为研究对象的断裂力学问题。

对于以 $z = x + \mathrm{i}y$ 和 $\bar{z} = x - \mathrm{i}y$ 为两个独立自变量的函数 $\phi(z, \bar{z})$，利用

$$\frac{\partial z}{\partial x} = 1, \frac{\partial z}{\partial y} = \mathrm{i}, \frac{\partial \bar{z}}{\partial x} = 1, \frac{\partial \bar{z}}{\partial y} = -\mathrm{i}$$

有

$$\begin{cases} \dfrac{\partial \phi}{\partial x} = \dfrac{\partial \phi}{\partial z}\dfrac{\partial z}{\partial x} + \dfrac{\partial \phi}{\partial \bar{z}}\dfrac{\partial \bar{z}}{\partial x} = \dfrac{\partial \phi}{\partial z} + \dfrac{\partial \phi}{\partial \bar{z}} = \left(\dfrac{\partial}{\partial z} + \dfrac{\partial}{\partial \bar{z}} \right)\phi \\[3mm] \dfrac{\partial \phi}{\partial y} = \dfrac{\partial \phi}{\partial z}\dfrac{\partial z}{\partial y} + \dfrac{\partial \phi}{\partial \bar{z}}\dfrac{\partial \bar{z}}{\partial y} = \mathrm{i}\left(\dfrac{\partial \phi}{\partial z} - \dfrac{\partial \phi}{\partial \bar{z}} \right) = \mathrm{i}\left(\dfrac{\partial}{\partial z} - \dfrac{\partial}{\partial \bar{z}} \right)\phi \end{cases} \tag{5-12}$$

因此

$$\frac{\partial^2 \phi}{\partial x^2} = \left(\frac{\partial}{\partial z} + \frac{\partial}{\partial \bar{z}} \right)^2 \phi = \frac{\partial^2 \phi}{\partial z^2} + 2\frac{\partial^2 \phi}{\partial z \partial \bar{z}} + \frac{\partial^2 \phi}{\partial \bar{z}^2}$$

$$\frac{\partial^2 \phi}{\partial y^2} = -\left(\frac{\partial}{\partial z} - \frac{\partial}{\partial \bar{z}}\right)^2 \phi = -\frac{\partial^2 \phi}{\partial z^2} + 2\frac{\partial^2 \phi}{\partial z \partial \bar{z}} - \frac{\partial^2 \phi}{\partial \bar{z}^2}$$

$$\nabla^2 \phi = \frac{\partial^2 \phi}{\partial x^2} + \frac{\partial^2 \phi}{\partial y^2} = 4\frac{\partial^2 \phi}{\partial z \partial \bar{z}}$$

$$\nabla^4 \phi = 16\frac{\partial^4 \phi}{\partial z^2 \partial \bar{z}^2}$$

很显然,相容方程(5-11)可以表示为

$$\frac{\partial^4 \phi}{\partial z^2 \partial \bar{z}^2} = 0 \tag{5-13}$$

将式(5-13)对 z 和 $\bar{z}$ 各积分两次,有

$$\phi = f_1(z) + \bar{z}f_2(z) + f_3(\bar{z}) + zf_4(\bar{z}) \tag{5-14}$$

这里,$f_1(z)$、$f_2(z)$、$f_3(\bar{z})$ 和 $f_4(\bar{z})$ 为任意函数。考虑到应力函数为实函数,因此式(5-14)右边一定是两两共轭的,即有

$$f_3(\bar{z}) = \overline{f_1(z)}, f_4(\bar{z}) = \overline{f_2(z)}$$

因此,式(5-14)又可以表示为

$$\phi = f_1(z) + \bar{z}f_2(z) + \overline{f_1(z)} + z\overline{f_2(z)} \tag{5-15}$$

如果将函数 $f_1(z)$ 和 $f_2(z)$ 分别用 $\frac{1}{2}\theta_1(z)$ 和 $\frac{1}{2}\varphi_1(z)$ 表示,就可以得到著名的 Goursat 公式

$$\phi = \frac{1}{2}\left[\bar{z}\varphi_1(z) + z\overline{\varphi_1(z)} + \theta_1(z) + \overline{\theta_1(z)}\right] \tag{5-16}$$

或者

$$\phi = \mathrm{Re}(\bar{z}\varphi_1(z) + \theta_1(z)) \tag{5-17}$$

5.2.4 应力和位移解

将式(5-16)或式(5-17)代入式(5-8)中,并利用式(5-12)可以得到

$$\begin{cases} \sigma_x + \sigma_y = 4\dfrac{\partial^2 \phi}{\partial z \partial \bar{z}} = 4\mathrm{Re}\varphi_1{}'(z) \\[2mm] \sigma_y - \sigma_x + 2\mathrm{i}\tau_{xy} = 4\dfrac{\partial^2 \phi}{\partial z^2} = 2(\bar{z}\varphi_1{}''(z) + \theta_1{}''(z)) \end{cases} \tag{5-18}$$

在应力和位移解中,一般不会直接用到 $\theta_1(z)$,而只会用到它的一二阶导数。这里采用 $\psi_1(z)$ 代替 $\theta'_1(z)$,因此式(5-18)的第二式变为

$$\sigma_y - \sigma_x + 2\mathrm{i}\tau_{xy} = 4\frac{\partial^2 \phi}{\partial z^2} = 2\left[\bar{z}\varphi''_1(z) + \psi'_1(z)\right] \tag{5-19}$$

对式(5-19)左右两边取共轭,得到

$$\sigma_y - \sigma_x - 2\mathrm{i}\tau_{xy} = 2(z\overline{\varphi''_1(z)} + \overline{\psi'_1(z)}) \tag{5-20}$$

将式(5-18)的第一式分别和式(5-19)、式(5-20)相加,可以得到

$$\begin{cases} \sigma_y - \mathrm{i}\tau_{xy} = 2\mathrm{Re}\,\varphi'_1(z) + z\,\overline{\varphi''_1(z)} + \overline{\psi'_1(z)} \\ \sigma_y + \mathrm{i}\tau_{xy} = 2\mathrm{Re}\,\varphi'_1(z) + \bar{z}\,\varphi''_1(z) + \psi'_1(z) \end{cases} \tag{5-21}$$

式(5-21)在表达裂纹面的边界条件时非常有用。

根据式(5-2)和式(5-3),位移分量可以表示为

$$\begin{cases} E_1\,\dfrac{\partial u_x}{\partial x} = 2\,\dfrac{\partial}{\partial x}\big[\varphi_1(z) + \overline{\varphi_1(z)}\big] - (1+\nu_1)\dfrac{\partial^2 \phi}{\partial x^2} \\ E_1\,\dfrac{\partial u_y}{\partial y} = 2\mathrm{i}\,\dfrac{\partial}{\partial y}\big[\varphi_1(z) + \overline{\varphi_1(z)}\big] - (1+\nu_1)\dfrac{\partial^2 \phi}{\partial y^2} \end{cases} \tag{5-22}$$

将式(5-22)中的两式分别对 x 和 y 积分,有

$$\begin{cases} E_1 u_x = 2\big[\varphi_1(z) + \overline{\varphi_1(z)}\big] - (1+\nu_1)\dfrac{\partial \phi}{\partial x} + f_1(y) \\ E_1 u_y = -2\mathrm{i}\big[\varphi_1(z) - \overline{\varphi_1(z)}\big] - (1+\nu_1)\dfrac{\partial \phi}{\partial y} + f_2(x) \end{cases} \tag{5-23}$$

这里,$f_1(y)$ 和 $f_2(x)$ 代表刚体位移。如果不计刚体位移,将式(5-23)中的两式相加,同时结合式(5-12),就有

$$E_1(u_x + \mathrm{i}u_y) = (3-\nu_1)\varphi_1(z) - (1+\nu_1)\big(z\,\overline{\varphi'_1(z)} + \overline{\psi_1(z)}\big) \tag{5-24}$$

上面的分析表明,只要找到函数 $\varphi_1(z)$ 和 $\psi_1(z)$,应力和位移解就都可以得到。上述推导过程是由俄国数学、力学家 Kolosov 和 Muskhelishvili 完成的,因此 $\varphi_1(z)$ 和 $\psi_1(z)$ 又称为 Kolosov-Muskhelishvili 函数。

5.3　　裂纹尖端场

采用 Kolosov-Muskhelishvili 函数,可以求解很多复杂的问题。不过,对于具有对称性的裂纹尖端场,本节将根据 Westergaard 方法,采用仅由一个复变函数构造的应力函数进行求解,会使问题得到极大程度的简化。

5.3.1　　I 型裂纹

构造一个应力函数

$$\phi_1 = \mathrm{Re}\,\underset{=}{Z_1}(z) + y\,\mathrm{Im}\,\underline{Z_1}(z) \tag{5-25}$$

这里,$\underline{Z_1}(z)$ 和 $\underset{=}{Z_1}(z)$ 分别为 $Z_1(z)$ 的一次和二次积分,即有

$$\underset{=}{Z_1}''(z) = \underline{Z_1}'(z) = Z_1(z)$$

容易证明,$\nabla^4 \phi_1 = 0$。

利用 Cauchy-Riemann 关系

$$\frac{\partial \mathrm{Re}Z_1(z)}{\partial x} = \frac{\partial \mathrm{Im}Z_1(z)}{\partial y}, \frac{\partial \mathrm{Im}Z_1(z)}{\partial x} = -\frac{\partial \mathrm{Re}Z_1(z)}{\partial y}$$

和复变函数的微积分关系

$$\frac{\partial \mathrm{Re}Z_1(z)}{\partial x} = \mathrm{Re}Z_1'(z), \frac{\partial \mathrm{Im}Z_1(z)}{\partial x} = \mathrm{Im}Z_1'(z)$$

$$\frac{\partial \mathrm{Re}Z_1(z)}{\partial y} = -\mathrm{Im}Z_1'(z), \frac{\partial \mathrm{Im}Z_1(z)}{\partial y} = \mathrm{Re}Z_1'(z)$$

$$\int \mathrm{Re}Z_1(z)\mathrm{d}x = \mathrm{Re}\,\underline{Z}_1(z), \int \mathrm{Im}Z_1(z)\mathrm{d}x = \mathrm{Im}\,\underline{Z}_1(z)$$

$$\int \mathrm{Re}Z_1(z)\mathrm{d}y = \mathrm{Im}\,\underline{Z}_1(z), \int \mathrm{Im}Z_1(z)\mathrm{d}y = -\mathrm{Re}\,\underline{Z}_1(z)$$

可以得到应力表达式

$$\begin{cases} \sigma_x = \mathrm{Re}Z_1(z) - y\mathrm{Im}Z_1'(z) \\ \sigma_y = \mathrm{Re}Z_1(z) + y\mathrm{Im}Z_1'(z) \\ \tau_{xy} = -y\mathrm{Re}Z_1'(z) \end{cases} \tag{5-26}$$

以及位移表达式

$$\begin{cases} u_x = \dfrac{1}{E_1}\left[(1-\nu_1)\mathrm{Re}\,\underline{Z}_1(z) - (1+\nu_1)y\mathrm{Im}Z_1(z)\right] \\ u_y = \dfrac{1}{E_1}\left[2\mathrm{Im}\,\underline{Z}_1(z) - (1+\nu_1)y\mathrm{Re}Z_1(z)\right] \end{cases} \tag{5-27}$$

至此,求解 Ⅰ 型裂纹的问题就转变为针对具体问题选择函数 $Z_1(z)$ 的具体形式,以满足问题边界条件。对于无穷远处受均匀拉应力作用的无限大中心裂纹板,如图 5.5 所示,选取对称中心(即裂纹中心)作为原点,以裂纹延长线及其垂直方向作为横纵轴,则函数 $Z_1(z)$ 可以取为

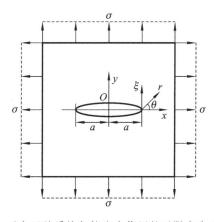

图 5.5　无穷远处受均匀拉应力作用的无限大中心裂纹板

$$Z_1(z) = \frac{\sigma z}{\sqrt{z^2 - a^2}} \tag{5-28}$$

式中，σ 为无穷远处作用的正应力，a 为中心裂纹尺寸。

当 $z \to \infty$ 时，$z \pm a \to z$，$Z_1(z) \to \sigma$ 而 $Z_1'(z) \to 0$，因此 $\sigma_x = \sigma_y = \sigma$，但是 $\tau_{xy} \to 0$，满足无穷远处边界条件。当 $y = 0$ 时，$\sigma_x = \sigma_y = \mathrm{Re}Z_1(z)$ 而 $\tau_{xy} = 0$，在 $|x| < a$ 的区间，$\sqrt{z^2 - a^2}$ 为纯虚数，因此有 $\sigma_x = \sigma_y = \tau_{xy} = 0$，满足裂纹面作为自由面的边界条件。可见，函数 $Z_1(z)$ 选取式(5-28)所示的形式是合适的。

为了考虑裂纹尖端场，将坐标原点移到裂纹尖端，从而引入新的坐标 $\xi = z - a = r e^{i\vartheta}$。当 $z \to a$ 时，$z + a \to 2a$，而 $\xi \to 0$，因此有

$$Z_1(\xi) = \sigma \sqrt{\frac{a}{2}} \xi^{-\frac{1}{2}} = \sigma \sqrt{\frac{a}{2r}} \left(\cos \frac{\theta}{2} - i\sin \frac{\theta}{2} \right)$$

$$Z'_1(\xi) = -\frac{\sigma}{2} \sqrt{\frac{a}{2}} \xi^{-\frac{3}{2}} = \frac{\sigma}{2} \sqrt{\frac{a}{2}} r^{-\frac{3}{2}} \left(-\cos \frac{3\theta}{2} + i\sin \frac{3\theta}{2} \right)$$

$$\underline{Z}_1(\xi) = 2\sigma \sqrt{\frac{a}{2}} \xi^{\frac{1}{2}} = 2\sigma \sqrt{\frac{ar}{2}} \left(\cos \frac{\theta}{2} + i\sin \frac{\theta}{2} \right)$$

由式(5-26)可以推得裂纹尖端附近的应力表达式

$$\begin{cases} \sigma_x = \dfrac{K_\mathrm{I}}{\sqrt{2\pi r}} \cos \dfrac{\theta}{2} \left(1 - \sin \dfrac{\theta}{2} \sin \dfrac{3\theta}{2} \right) \\[2mm] \sigma_y = \dfrac{K_\mathrm{I}}{\sqrt{2\pi r}} \cos \dfrac{\theta}{2} \left(1 + \sin \dfrac{\theta}{2} \sin \dfrac{3\theta}{2} \right) \\[2mm] \tau_{xy} = \dfrac{K_\mathrm{I}}{\sqrt{2\pi r}} \cos \dfrac{\theta}{2} \sin \dfrac{\theta}{2} \cos \dfrac{3\theta}{2} \end{cases} \tag{5-29}$$

这里，$K_\mathrm{I} = \sigma \sqrt{\pi a}$ 称为 Ⅰ 型裂纹的应力强度因子(stress intensity factor)，由远场应力和裂纹尺寸决定。一般来说，在这里我们更关心 σ_y，因为它会使裂纹张开。在裂纹延长线上，$\theta = 0$，由式(5-29)可得

$$\sigma_x = \sigma_y = \frac{K_\mathrm{I}}{\sqrt{2\pi r}}, \tau_{xy} = 0 \tag{5-30}$$

进一步，由式(5-27)可以得到裂纹尖端附近的位移表达式

$$\begin{cases} u_x = \dfrac{(1+\nu_1)K_\mathrm{I}}{E_1} \sqrt{\dfrac{r}{2\pi}} \cos \dfrac{\theta}{2} \left(\dfrac{3-\nu_1}{1+\nu_1} - \cos\theta \right) \\[3mm] u_y = \dfrac{(1+\nu_1)K_\mathrm{I}}{E_1} \sqrt{\dfrac{r}{2\pi}} \sin \dfrac{\theta}{2} \left(\dfrac{3-\nu_1}{1+\nu_1} - \cos\theta \right) \end{cases} \tag{5-31}$$

这里，u_y 非常重要，因为它可以用来表示裂纹张开程度。在裂纹面上，$\theta = \pm\pi$，因此在裂尖附近的开裂面上有

$$u_y = \pm \frac{4K_1}{E_1} \sqrt{\frac{r}{2\pi}} \tag{5-32}$$

5.3.2   Ⅱ型裂纹

取应力函数

$$\phi_2 = -y \mathrm{Re}\,\underline{Z_2}(z) \tag{5-33}$$

同样容易证明，$\nabla^4 \phi_2 = 0$。

利用 Cauchy-Riemann 关系和复变函数的微积分关系，得到应力表达式

$$\begin{cases} \sigma_x = 2\mathrm{Im}Z_2(z) + y\mathrm{Re}Z_2'(z) \\ \sigma_y = -y\mathrm{Re}Z_2'(z) \\ \tau_{xy} = \mathrm{Re}Z_2(z) - y\mathrm{Im}Z_2'(z) \end{cases} \tag{5-34}$$

以及位移表达式

$$\begin{cases} u_x = \dfrac{1}{E_1}\big[2\mathrm{Im}\,\underline{Z_2}(z) + (1+\nu_1)y\mathrm{Re}Z_2(z)\big] \\ u_y = \dfrac{1}{E_1}\big[-(1-\nu_1)\mathrm{Re}\,\underline{Z_2}(z) - (1+\nu_1)y\mathrm{Im}Z_2(z)\big] \end{cases} \tag{5-35}$$

对于无穷远处受均匀切应力作用的无限大中心裂纹板，如图 5.6 所示，选取裂纹中心作为原点，以裂纹延长线及其垂直方向作为横纵轴，则函数 $Z_2(z)$ 可以取为

$$Z_2(z) = \frac{\tau z}{\sqrt{z^2 - a^2}} \tag{5-36}$$

式中，τ 为无穷远处作用的切应力。

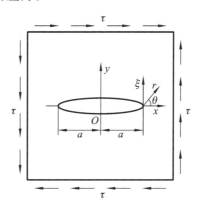

图 5.6   无穷远处受均匀切应力作用的无限大中心裂纹板

当 $z \to \infty$ 时，$z \pm a \to z$，$Z_2(z) \to \tau$ 而 $Z_2'(z) \to 0$，因此 $\sigma_x = \sigma_y = 0$，但是 $\tau_{xy} \to \tau$，满足无穷远处边界条件。当 $y=0$ 时，$\sigma_y = 0$，在 $|x| < a$ 的区间，$\sqrt{z^2 - a^2}$ 为纯虚数，因此有 $\tau_{xy} = 0$，

满足裂纹面作为自由面的边界条件。可见，函数 $Z_2(z)$ 选取式（5-36）所示的形式是合适的。

将坐标原点移到裂纹尖端，引入新的坐标 $\xi = z - a = re^{i\theta}$。在裂纹尖端附近，即当 $z \to a$ 时，$z+a \to 2a$，而 $\xi \to 0$，有

$$Z_2(\xi) = \tau \sqrt{\frac{a}{2}} \xi^{-\frac{1}{2}} = \tau \sqrt{\frac{a}{2r}} \left(\cos\frac{\theta}{2} - i\sin\frac{\theta}{2} \right)$$

$$Z'_2(\xi) = -\frac{\tau}{2} \sqrt{\frac{a}{2}} \xi^{-\frac{3}{2}} = \frac{\tau}{2} \sqrt{\frac{a}{2}} r^{-\frac{3}{2}} \left(-\cos\frac{3\theta}{2} + i\sin\frac{3\theta}{2} \right)$$

$$\underline{Z}_2(\xi) = 2\tau \sqrt{\frac{a}{2}} \xi^{\frac{1}{2}} = 2\tau \sqrt{\frac{ar}{2}} \left(\cos\frac{\theta}{2} + i\sin\frac{\theta}{2} \right)$$

根据式（5-34），就可以得到裂纹尖端附近的应力表达式

$$\begin{cases} \sigma_x = -\dfrac{K_{\mathrm{II}}}{\sqrt{2\pi r}} \sin\dfrac{\theta}{2} \left(2 + \cos\dfrac{\theta}{2}\cos\dfrac{3\theta}{2} \right) \\[3mm] \sigma_y = \dfrac{K_{\mathrm{II}}}{\sqrt{2\pi r}} \sin\dfrac{\theta}{2}\cos\dfrac{\theta}{2}\cos\dfrac{3\theta}{2} \\[3mm] \tau_{xy} = \dfrac{K_{\mathrm{II}}}{\sqrt{2\pi r}} \cos\dfrac{\theta}{2} \left(1 - \sin\dfrac{\theta}{2}\sin\dfrac{3\theta}{2} \right) \end{cases} \tag{5-37}$$

这里，$K_{\mathrm{II}} = \tau\sqrt{\pi a}$ 称为 II 型裂纹的应力强度因子。

进一步，根据式（5-35）可以得到裂纹尖端附近的位移表达式

$$\begin{aligned} u_x &= \frac{(1+\nu_1)K_{\mathrm{II}}}{E_1} \sqrt{\frac{r}{2\pi}} \sin\frac{\theta}{2} \left(\frac{5+\nu_1}{1+\nu_1} + \cos\theta \right) \\[3mm] u_y &= \frac{(1+\nu_1)K_{\mathrm{II}}}{E_1} \sqrt{\frac{r}{2\pi}} \cos\frac{\theta}{2} \left(-\frac{1-3\nu_1}{1+\nu_1} - \cos\theta \right) \end{aligned} \tag{5-38}$$

5.3.3　III 型裂纹

III 型裂纹问题又称为反平面问题（anti-plane problem）。由于该问题只有沿 z 方向且与 z 方向坐标无关的位移分量 $u_z(x,y)$，非零的应变分量只有两个

$$\varepsilon_{xz} = \frac{1}{2}\frac{\partial u_z}{\partial x}, \quad \varepsilon_{yz} = \frac{1}{2}\frac{\partial u_z}{\partial y} \tag{5-39}$$

非零的应力分量也只有两个，并且它们满足平衡方程

$$\frac{\partial \tau_{xz}}{\partial x} + \frac{\partial \tau_{yz}}{\partial y} = 0 \tag{5-40}$$

另外，根据 Hooke 定律，有

$$\tau_{xz} = 2\mu\varepsilon_{xz}, \quad \tau_{yz} = 2\mu\varepsilon_{yz} \tag{5-41}$$

将式（5-39）和式（5-41）代入式（5-40），有

$$\frac{\partial^2 u_z}{\partial x^2} + \frac{\partial^2 u_z}{\partial y^2} = \nabla^2 u_z = 0 \tag{5-42}$$

可见，$u_z(x,y)$ 为调和函数，取

$$u_z = \frac{1}{\mu} \mathrm{Im}\, \underline{Z}_3(z) \tag{5-43}$$

根据式(5-39)和式(5-41)，容易得到

$$\tau_{xz} = \mathrm{Im}Z_3(z), \tau_{yz} = \mathrm{Re}Z_3(z) \tag{5-44}$$

对于无穷远处受反对称离面切应力作用的无限大中心裂纹板，如图 5.7 所示，选取裂纹中心作为原点，以裂纹延长线及其垂直方向作为横纵轴，则函数 $Z_3(z)$ 可以取为

$$Z_3(z) = \frac{\tau z}{\sqrt{z^2 - a^2}} \tag{5-45}$$

式中，τ 为无穷远处作用的离面切应力。

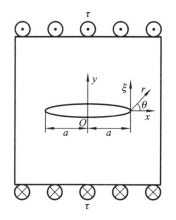

图 5.7   无穷远处受反对称离面切应力作用的无限大中心裂纹板

当 $z \to \infty$ 时，$z \pm a \to z$，$Z_3(z) \to \tau$，因此 $\tau_{yz} \to \tau$，满足无穷远处边界条件。当 $y = 0$ 时，在 $|x| < a$ 的区间，$\sqrt{z^2 - a^2}$ 为纯虚数，因此有 $\tau_{yz} = 0$，满足裂纹面作为自由面的边界条件。可见，函数 $Z_3(z)$ 选取式(5-45)所示的形式是合适的。

将坐标原点移到裂纹尖端，引入新的坐标 $\xi = z - a = r e^{i\theta}$。在裂纹尖端附近，即当 $z \to a$ 时，$z + a \to 2a$，而 $\xi \to 0$，有

$$Z_3(\xi) = \tau \sqrt{\frac{a}{2}} \xi^{-\frac{1}{2}} = \tau \sqrt{\frac{a}{2r}} \left(\cos\frac{\theta}{2} - i\sin\frac{\theta}{2} \right)$$

$$\underline{Z}_3(\xi) = 2\tau \sqrt{\frac{a}{2}} \xi^{\frac{1}{2}} = 2\tau \sqrt{\frac{ar}{2}} \left(\cos\frac{\theta}{2} + i\sin\frac{\theta}{2} \right)$$

根据式(5-44)，可以得到裂纹尖端附近的应力表达式为

$$\begin{cases} \tau_{xz} = -\dfrac{K_{\text{Ⅲ}}}{\sqrt{2\pi r}}\sin\dfrac{\theta}{2} \\[4mm] \tau_{yz} = \dfrac{K_{\text{Ⅲ}}}{\sqrt{2\pi r}}\cos\dfrac{\theta}{2} \end{cases} \tag{5-46}$$

这里，$K_{\text{Ⅲ}} = \tau\sqrt{\pi a}$ 称为Ⅲ型裂纹的应力强度因子。

同时根据式(5-43)，还可以得到裂纹尖端附近的位移表达式

$$u_z = \frac{2K_{\text{Ⅲ}}}{\mu}\sqrt{\frac{r}{2\pi}}\sin\frac{\theta}{2} \tag{5-47}$$

5.4　应力强度因子

5.4.1　基本概念

从 5.3 节式(5-29)、式(5-37)和式(5-46)可以看出，不管是哪种类型的裂纹，其尖端应力场都可以表示成如下形式：

$$\sigma_{ij} = \frac{K_N}{\sqrt{2\pi r}}f_{ij}(\theta) \quad (i, j = 1, 2, 3) \tag{5-48}$$

式中，σ_{ij} 的 i 和 j 取 1，2 和 3 时分别对应 x，y 和 z 坐标；K_N 的 N 取Ⅰ、Ⅱ和Ⅲ，分别对应Ⅰ型、Ⅱ型和Ⅲ型裂纹的应力强度因子；$f_{ij}(\theta)$ 是 θ 的函数。很明显，除了位置坐标 r 和 θ 以外，裂纹尖端应力场由应力强度因子决定，K_N 越大，裂纹尖端应力场越强。

根据式(5-48)，应力分量都有 $r^{-\frac{1}{2}}$ 的奇异性。必须指出，式(5-48)是在 $z \to a$ 或者 $\xi \to 0$ 条件下给出的裂纹尖端场的近似表达式，或者说主项。以应力场为例，当 $r \to 0$ 时，应力以 $r^{-\frac{1}{2}}$ 的阶次趋于无穷大；相比较而言，其后 r^0 阶项等是次要的，可以不计。因此，对于裂纹尖端场，式(5-48)可以给出令人满意的描述。反之，若 $r \to \infty$，由式(5-48)给出的应力趋于零；但很显然，远场应力应满足问题的边界条件，对于无穷远处受均匀拉应力作用的无限大中心裂纹板，远场作用应力为 σ，因此远离裂纹尖端区域的应力应以其后的 r^0 阶项为主项。断裂力学关心的是裂纹尖端附近的应力场。

对于无穷远处受均匀拉应力作用的无限大中心裂纹板，应力强度因子可以表示为

$$K_{\text{Ⅰ}} = \sigma\sqrt{\pi a} \tag{5-49}$$

可见，裂纹的应力强度因子与远场作用应力 σ 成正比，随 σ 的增大而增大；与 $\sqrt{a}$ 成正比，随裂纹长度 a 的增大而增大。应力强度因子的量纲为[应力][长度]$^{1/2}$ 或[力][长度]$^{-3/2}$，常用单位为 MPa$\sqrt{\text{m}}$。

对于工程中的有限尺寸构件，应力强度因子还需要在式(5-49)的基础上进行一定的

修正,因此可以更一般地写为

$$K_I = \sigma \sqrt{\pi a} f(a, W, \cdots) \tag{5-50}$$

式中,$f(a, W, \cdots)$为几何修正系数,反映构件和裂纹几何尺寸 a、W 等对裂纹尖端应力场的影响。II 型和 III 型裂纹尖端应力场也可写成类似的形式,只是式中的正应力 σ 应换成切应力 τ。几何修正系数 $f(a, W, \cdots)$ 可以由应力强度因子手册查得。特别地,当 $a \ll W$ 或 $\dfrac{a}{W} \to 0$ 时,即对于承受拉伸载荷作用的无限大中心裂纹板,$f = 1$;而对于承受拉伸载荷作用的半无限大单边裂纹板,$f = 1.1215$。附录 A 给出了若干常用的应力强度因子。

5.4.2　求解方法

应力强度因子的计算是线弹性断裂力学的重要任务。常用的计算方法有解析法、数值计算法和叠加法。5.3 节确定无限大体应力强度因子表达式,采用的就是解析法。不过,对于大多数工程问题,由于结构几何、载荷、边界条件等都很复杂,采用解析法求解应力强度因子存在困难。数值计算方法(如有限元法)适用范围非常宽,随着计算机技术的飞速发展,已经成为求解应力强度因子的主要方法。

以 I 型裂纹的应力强度因子为例,采用数值计算法求得裂纹尖端应力场(或位移场),就可以根据以下两式直接计算应力强度因子。

$$K_I = \lim_{r \to 0} \sqrt{2\pi r} \left(\sigma_y \big|_{\theta=0} \right)$$

或者

$$K_I = \frac{E_1}{4} \lim_{r \to 0} \sqrt{\frac{2\pi}{r}} \left(u_y \big|_{\theta=\pi} \right)$$

由于数值计算不可能得到 $r \to 0$ 时的应力和位移,一般需要在裂纹尖端前沿取几个距裂尖点很近的点,利用以下两式计算这些点的应力强度因子,然后通过外推获得裂尖点的应力强度因子。

$$K_I = \sqrt{2\pi r} \sigma_y$$

或者

$$K_I = \frac{E_1}{4} \sqrt{\frac{2\pi}{r}} u_y$$

为了保证计算结果的精确性,要求裂纹尖端附近网格划分非常细。目前,很多商用软件,如 ANSYS、ABAQUS 等,都有计算应力强度因子的专用分析模块,可以比较容易地执行结构断裂力学分析。

此外,由于应力强度因子概念是建立在线弹性力学基础上的,而且应力强度因子与远场应力呈线性关系,因此可以采用叠加原理,根据已经获得的某些情况下的应力强度因子解,求解更复杂受力情况下的应力强度因子解。下面以一个例子加以说明。

例 5.1 无限大中心穿透裂纹板在无穷远处受垂直于裂纹的均匀拉应力 σ 作用,同时在裂纹中心受一对集中力 F 作用,如图 5.8(a)所示。试求其应力强度因子。

解 已知两种载荷单独作用(见图 5.8(b)(c))下的应力强度因子分别为

$$K_{\text{I}(b)} = \frac{F}{\sqrt{\pi a}}, K_{\text{I}(c)} = \sigma\sqrt{\pi a}$$

根据叠加原理,该问题的应力强度因子等于这两种载荷单独作用下的应力强度因子之和,即

$$K_{\text{I}(a)} = \frac{F}{\sqrt{\pi a}} + \sigma\sqrt{\pi a}$$

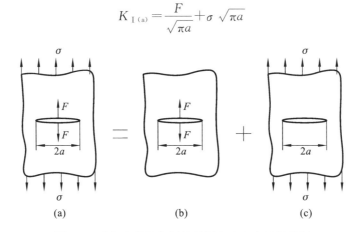

图 5.8 受组合载荷作用的无限大中心穿透裂纹板

5.5 基于应力强度因子的断裂控制设计

控制材料或结构断裂的因素主要有三个:①裂纹尺寸和形状;②作用应力;③材料的断裂韧度。裂纹尺寸越大,作用应力越高,发生断裂的可能性越大;材料的断裂韧度越高,抵抗断裂破坏的能力越强,发生断裂的可能性越小。在这三个因素中,前二者是作用,为断裂的发生提供条件;后者(材料的断裂韧度)是抗力,阻止断裂的发生。材料的断裂韧度是含裂纹材料抵抗断裂破坏能力的度量。它与材料、使用温度、环境介质等因素有关,由试验确定。裂纹尺寸和形状、作用应力、断裂韧度三个因素,是控制断裂是否发生的最基本的因素。

采用应力强度因子 $K_N(N=\text{I},\text{II},\text{III})$ 作为低应力脆性断裂(线弹性断裂)发生与否的控制参量,对于 I 型开裂来说,断裂判据可写为

$$K_{\text{I}} = \sigma\sqrt{\pi a}f(a,W,\cdots) \leqslant K_{\text{IC}} \tag{5-51}$$

式中,K_{IC} 为材料常数,称为材料的断裂韧度,可以通过试验获得。

利用上述判据,可以进行以下抗断裂设计。

（1）已知工作应力 σ、裂纹尺寸 a，计算 K_I，选择材料使其 K_{IC} 值满足断裂判据，保证不发生断裂。

（2）已知裂纹尺寸 a、材料的 K_{IC} 值，确定允许使用的工作应力 σ 或载荷。

（3）已知工作应力 σ、材料的 K_{IC} 值，确定允许存在的最大裂纹尺寸 a。

例 5.2　某超高强钢构件，有一长 $a=1$ mm 的单边穿透裂纹，承受 $\sigma=1000$ MPa 的拉伸应力作用。现有两种材料可供设计选择，材料 1：$\sigma_{s1}=1800$ MPa，$K_{IC1}=50$ MPa $\sqrt{m}$；材料 2：$\sigma_{s2}=1400$ MPa，$K_{IC2}=75$ MPa $\sqrt{m}$；试问选用哪种材料较好？

解　（1）不考虑缺陷，按传统强度设计考虑，两种材料的安全系数分别为：材料 1，$n_{\sigma1}=\dfrac{\sigma_{s1}}{\sigma}=1.8$；材料 2，$n_{\sigma2}=\dfrac{\sigma_{s2}}{\sigma}=1.4$。

很显然，选用材料 1 安全系数大一些。

（2）考虑缺陷，按抗断裂设计考虑，由于 a 很小，对于单边穿透裂纹应有

$$K_I=1.1215\sigma\sqrt{\pi a}\leqslant K_{IC} \text{ 或 } \sigma\leqslant\frac{K_{IC}}{1.1215\sqrt{\pi a}}$$

选用上述两种材料，断裂时的应力分别为

材料 1：$\sigma_{1C}=796$ MPa $<\sigma$，即材料 1 会发生断裂；

材料 2：$\sigma_{2C}=1195$ MPa $>\sigma$，即材料 2 不发生断裂。

可见，在设计应力 $\sigma=1000$ MPa 作用下，由于 $\sigma>\sigma_{1C}$，选用材料 1，将发生低应力脆性断裂；选用材料 2，则在满足强度条件的同时，满足抗断裂要求。

注意，初始裂纹尺寸越小，材料的断裂韧度 K_{IC} 越大，发生断裂时的临界应力越大。因此，提高材料的断裂韧度、控制初始裂纹尺寸对于防止低应力断裂是十分重要的。

例 5.3　直径 $d=5$ m 的球形压力容器，厚度 $t=10$ mm，有一长 $2a$ 的穿透裂纹。已知材料的断裂韧度 $K_{IC}=80$ MPa $\sqrt{m}$。若容器承受内压 $p=4$ MPa，试估计发生断裂时的临界裂纹尺寸 a_c。

解　由球形压力容器膜应力计算公式有

$$\sigma=\frac{pd}{4t}=500 \text{ MPa}$$

压力容器直径大、曲率小，可视为承受拉伸应力的无限大中心裂纹板，有

$$K_I=\sigma\sqrt{\pi a}\leqslant K_{IC} \text{ 或 } a\leqslant\frac{1}{\pi}\left(\frac{K_{IC}}{\sigma}\right)^2$$

在发生断裂的临界状态下有 $a_c=8.1$ mm。

讨论：

由本题分析可知，材料的断裂韧度 K_{IC} 越大，临界裂纹尺寸 a_c 越大；内压 p 越大，作用的膜应力 σ 越大，临界裂纹尺寸 a_c 越小；若内压不变，压力容器直径 d 越大，作用的膜

应力越大，临界裂纹尺寸 a_C 越小，抗断裂能力越差。

例 5.4　边裂纹有限宽板受力 F 作用，如图 5.9 所示。已知 $W=25$ mm，$a=5$ mm，$e=10$ mm，材料屈服应力 $\sigma_s=600$ MPa，断裂韧度 $K_{IC}=60$ MPa$\sqrt{m}$。试估计断裂时临界载荷 F_C。

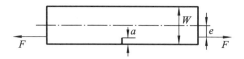

图 5.9　例 5.4 图 1

解　对于线弹性情况，该问题可以看作拉伸与纯弯曲两种情况的叠加，如图 5.10 所示，故裂纹尖端的应力强度因子可表达为

$$K_I=K_{It}+K_{Ib}$$

其中，K_{It}、K_{Ib} 分别是拉伸、弯曲载荷作用下的应力强度因子。

$$F\ \rule{3cm}{0.5pt}\ F\ =\ F\ \rule{3cm}{0.5pt}\ F\ +\ M\ \rule{3cm}{0.5pt}\ M$$

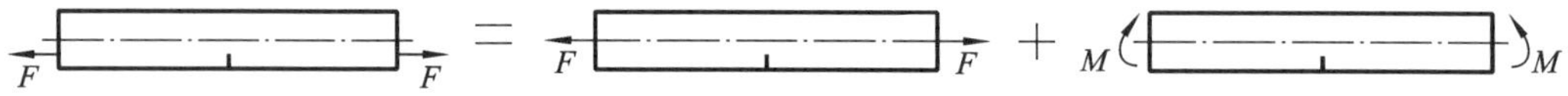

图 5.10　例 5.4 图 2

对于边裂纹有限宽板，由附录 A 可知其在拉伸、弯曲载荷作用下的应力强度因子。在拉伸情况下，

$$K_{It}=\sigma\sqrt{\pi a}g(\xi)$$

式中，

$$\sigma=\frac{F}{W},\xi=\frac{a}{W}=0.2$$

$$g(\xi)=1.12-0.231\xi+10.55\xi^2-21.72\xi^3+30.39\xi^4=1.37$$

因此，

$$K_{It}=1.37\frac{F}{W}\sqrt{\pi a}$$

在弯曲情况下，

$$K_{Ib}=\sigma_0\sqrt{\pi a}g(\xi)$$

式中，

$$\sigma_0=\frac{6Fe}{W^2},\xi=\frac{a}{W}=0.2$$

$$g(\xi)=1.122-1.40\xi+7.33\xi^2-13.08\xi^3+14.0\xi^4=1.05$$

因此，

$$K_{Ib}=1.05\frac{6Fe}{W^2}\sqrt{\pi a}$$

在发生断裂时的临界状态下应有

$$K_{\mathrm{I}}=K_{\mathrm{It}}+K_{\mathrm{Ib}}=K_{\mathrm{IC}}$$

即

$$\frac{F_{\mathrm{c}}}{W}\sqrt{\pi a}\left(1.37+1.05\,\frac{6e}{W}\right)=K_{\mathrm{IC}}$$

由此得到

$$F_{\mathrm{c}}=3.08\ \mathrm{MN}$$

注意,上述结果是在线弹性情况下得到的,是否能满足这一假设,需要考查在所得到的断裂载荷下的应力的大小。本解答给出的拉伸应力为 $\sigma=\dfrac{F}{W}=123.1$ MPa,远小于材料的屈服应力;弯曲应力 $\sigma_0=\dfrac{6Fe}{W^2}=2.4\sigma$;二者叠加后的应力值也不到材料屈服应力的 70%,故上述结果是可信的。

由上述讨论可知,对于含缺陷的材料,抗断裂设计计算是十分重要的。为了避免断裂破坏的发生,须要注意以下几点。

(1) 控制材料的缺陷和加工、制造过程中的损伤。注意加强材质检验,提高加工质量,杜绝零、构件碰摔。

(2) 当缺陷的存在不可避免时,应当依据检验能力和实际经验估计可能存在的缺陷尺寸 a,进行抗断裂设计。

(3) 选用断裂韧度较好的材料,使得发生断裂前可允许的临界裂纹尺寸较大,以便在使用检查中发现并排除裂纹。

(4) 随着温度降低,材料的断裂韧度下降,要注意这种低温脆性对断裂的影响。

此外,腐蚀环境也会加速裂纹的扩展和断裂发生,其影响也值得注意。

5.6　材料断裂韧度的试验测试

材料的断裂韧度可以采用如图 5.11 所示的标准三点弯曲或紧凑拉伸试件,按照《金属材料　平面应变断裂韧度 K_{IC} 试验方法》(GB/T 4161—2007)的规定,通过试验测试获得。

这两种试件的应力强度因子可以采用以下两式确定。对三点弯曲试件:

$$K_{\mathrm{I}}=\frac{FS}{BW^{\frac{3}{2}}}f\left(\frac{a}{W}\right) \tag{5-52}$$

式中,

$$f\left(\frac{a}{W}\right)=\frac{3\left(\frac{a}{W}\right)^{\frac{1}{2}}\left\{1.99-\frac{a}{W}\left(1-\frac{a}{W}\right)\left[2.15-3.93\frac{a}{W}+2.7\left(\frac{a}{W}\right)^2\right]\right\}}{2\left(1+2\frac{a}{W}\right)\left(1-\frac{a}{W}\right)^{\frac{3}{2}}}$$

对于紧凑拉伸试件：

$$K_{\mathrm{I}}=\frac{F}{BW^{\frac{1}{2}}}f\left(\frac{a}{W}\right) \tag{5-53}$$

式中，

$$f\left(\frac{a}{W}\right)=\left(2+\frac{a}{W}\right)\frac{0.866+4.64\frac{a}{W}-13.32\left(\frac{a}{W}\right)^2+14.72\left(\frac{a}{W}\right)^3-5.6\left(\frac{a}{W}\right)^4}{\left(1-\frac{a}{W}\right)^{\frac{3}{2}}}$$

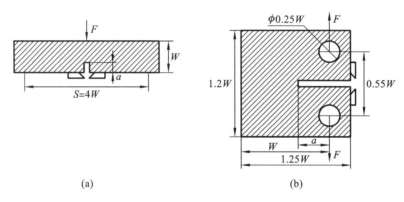

(a) (b)

图 5.11　断裂韧度测试标准试件

(a)标准三点弯曲试件$\left(B=\frac{W}{2}\right)$；(b)标准紧凑拉伸试件$\left(B=\frac{W}{2}\right)$

　　裂纹预制方法：先通过线切割机床，利用直径约 0.1 mm 的钼丝，在试件的相应位置切出一道切口。切口尺寸应小于预定裂纹尺寸。然后在已有切口的基础上，施加疲劳载荷，以进一步预制长度不小于 1.5 mm 的裂纹。应该注意的是，必须控制疲劳载荷的大小，以保证裂纹尖端足够尖锐，一般要求循环载荷中 $K_{\max}<\frac{2}{3}K_{\mathrm{IC}}$。但是，使用的载荷越小，预制裂纹所需时间越长。

　　测试金属材料平面应变断裂韧度的试验装置如图 5.12 所示。将由力传感器输出的载荷 F 和由位移引伸计输出的裂纹张开位移 V 的信息放大后输入 X-Y 记录仪，监测试验 F-V 曲线，确定裂纹开始扩展时的载荷 F_{Q}，代入相应的应力强度因子表达式（5-52）或式（5-53），即可确定材料发生断裂时的应力强度因子 K_{I} 的临界值 K_{IC}。

　　F_{Q} 是裂纹开始扩展时的载荷。以裂纹扩展增量 $\frac{\Delta a}{a}=2\%$ 判别裂纹是否扩展。对于

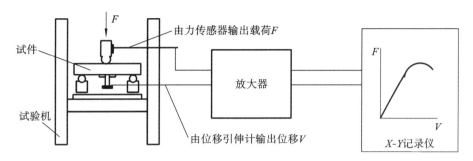

图 5.12　材料断裂韧度的试验装置

标准试件，$\dfrac{\Delta a}{a}=2\%$ 大致相当于张开位移增量达到 $\dfrac{\Delta V}{V}=5\%$。据此，标准 GB/T 4161—2007 建议由比 F-V 曲线线性段斜率低 5% 的直线与 F-V 曲线的交点确定 F_5。若在此交点前，F-V 曲线上无大于 F_5 的载荷，则取 $F_Q=F_5$；若在此交点前有大于 F_5 的载荷，则取该载荷为 F_Q，如图 5.13 所示。

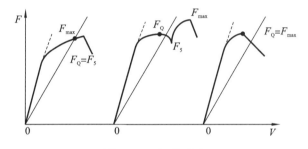

图 5.13　F_Q 的确定

　　实际裂纹尺寸根据打开试件断口后的测量值确定。预制裂纹的前缘一般呈弧形，将断面沿厚度分为四等分，用工具显微镜分别测量五处裂纹长度，如图 5.14 所示。取中间三个点测量值的平均值为裂纹长度 a，即

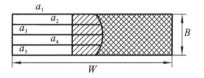

图 5.14　裂纹尺寸的确定

$$a=\frac{1}{3}(a_2+a_3+a_4)$$

为保证裂纹的平直度，要求满足：

$$a-\frac{1}{2}(a_1+a_5)\leqslant 0.1a$$

将按上述方法确定的 F_Q 和满足平直度要求的裂纹长度 a，代入相应的应力强度因子表达式(5-52)或式(5-53)，即可计算相应的应力强度因子 K_Q。根据国家标准 GB/T

4161—2007 规定,若满足下述有效性条件

$$\frac{F_{\max}}{F_Q} \leqslant 1.1 \tag{5-54}$$

$$B \geqslant 2.5\left(\frac{K_Q}{\sigma_s}\right)^2 \tag{5-55}$$

则所测得的 K_Q 即为材料的平面应变断裂韧度 K_{IC}。

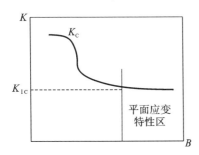

图 5.15　试件厚度对 K_{IC} 的影响

式(5-54)要求材料为脆性,式(5-55)则要求试件满足平面应变条件。所谓平面应变,是指厚度足够大时,沿厚度方向的变形可以不计,变形被约束在垂直于厚度方向的平面内。试验表明,材料断裂时的应力强度因子 K_{IC} 是与试件的厚度 B 有关的,如图 5.15 所示。一般说来,K_{IC} 随着厚度 B 的增大而减小。只有当厚度 B 足够大,满足平面应变状态后,K_{IC} 才会取得不随厚度继续改变的最小值。此时的材料厚度一般满足:

$$B \geqslant 2.5\left(\frac{K_{IC}}{\sigma_s}\right)^2$$

此即式(5-55)。满足这一条件的 K_{IC} 就可以认为是与厚度无关的、反映材料最低抗断裂能力的材料常数。K_{IC} 越大,材料的抗断裂能力越强。必须指出,不满足平面应变条件的 K_{IC} 是与厚度有关的,并非材料常数,只能反映在给定厚度下材料的抗断裂能力。此外,K_{IC} 还与温度有关。温度越低,K_{IC} 越小,材料越易发生断裂。故应当特别注意低温脆断的发生。

例 5.5　用尺寸为 $B=30$ mm、$W=60$ mm、$S=240$ mm 的三点弯曲试件测试断裂韧度,线切割尺寸为 $a'=30$ mm。由试验记录的 $F\text{-}V$ 曲线得到 $F_Q=56$ kN,$F_{\max}=60.5$ kN;断口疲劳裂纹尺寸测量结果为 $a_1=31.8$ mm,$a_2=31.9$ mm,$a_3=32.15$ mm,$a_4=31.95$ mm,$a_5=31.9$ mm;若已知材料的 $\sigma_{0.2}=905$ MPa,试计算其 K_{IC} 值并检查其是否有效。

解　裂纹长度:$a=\dfrac{1}{3}(a_2+a_3+a_4)=32$ mm

预制疲劳裂纹长度 $a-a'=2$ mm>1.5 mm,满足标准规定。

因为 $\dfrac{a}{W}=0.533$,且 $F=56$ kN,由式(5-52)可算得

$$K_Q=90.5 \text{ MPa}\sqrt{\text{m}}$$

有效性检验:

(1) $\dfrac{F_{\max}}{F_Q}=1.08<1.1$

（2）$B = 30 \text{ mm} > 2.5 \left(\dfrac{K_{IC}}{\sigma_{0.2}} \right) = 25 \text{ mm}$

可见 K_Q 满足有效性条件，所得 K_Q 即为材料的 K_{IC}。

例 5.6 一铝合金厚板，$W = 200 \text{ mm}$，含有 $2a = 80 \text{ mm}$ 的中心裂纹，若试验测得此含中心裂纹板在 $\sigma = 100 \text{ MPa}$ 时发生断裂，试求该材料的断裂韧度。

解 由附录 A 可知，对于中心裂纹板有

$$\xi = 2 \frac{a}{W} = 0.4 ; g(\xi) = (1 - 0.25 \xi^2 + 0.06 \xi^4) \sqrt{\sec \left(\frac{\pi}{2} \xi \right)} = 1.069$$

得到断裂时的应力强度因子为

$$K_I = \sigma \sqrt{\pi a} g(\xi) = 37.895 \text{ MPa} \sqrt{\text{m}}$$

若厚度 B 足够大，则上述值即为材料的断裂韧度 K_{IC}。

例 5.7 用例 5.6 中的铝合金材料制作标准三点弯曲试件，其厚度 $B = 50 \text{ mm}$，$W = 100 \text{ mm}$，加载跨距 $S = 4W = 400 \text{ mm}$。若试件裂纹长度为 $a = 53 \text{ mm}$，试估计试件发生断裂时的载荷。

解 试件 $\dfrac{a}{W} = 0.53$，因此

$$f \left(\frac{a}{W} \right) = \frac{3 \left(\dfrac{a}{W} \right)^{\frac{1}{2}} \left\{ 1.99 - \dfrac{a}{W} \left(1 - \dfrac{a}{W} \right) \left[2.15 - 3.93 \dfrac{a}{W} + 2.7 \left(\dfrac{a}{W} \right)^2 \right] \right\}}{2 \left(1 + 2 \dfrac{a}{W} \right) \left(1 - \dfrac{a}{W} \right)^{\frac{3}{2}}}$$

$$= 2.9356$$

发生断裂时应有

$$K_{IC} = \frac{F_C S}{B W^{\frac{3}{2}}} f \left(\frac{a}{W} \right)$$

由例 5.6 知 $K_{IC} = 37.895 \text{ MPa} \sqrt{\text{m}}$，因此

$$F_C = 51.0 \text{ kN}$$

讨论：

若用紧凑拉伸试样，同样取 $B = 50 \text{ mm}$、$W = 100 \text{ mm}$，裂纹长度为 $a = 53 \text{ mm}$，则根据式（5-53）计算 $F_C = 57.2 \text{ kN}$。与三点弯曲试样比较，所需的载荷要大一些。

例 5.8 某钢材的屈服应力 $\sigma_s = 800 \text{ MPa}$，估计断裂韧度为 $K_{IC} = 120 \text{ MPa} \sqrt{\text{m}}$。

（1）试估计能测得 K_{IC} 并保证试验有效性的标准试件的最小尺寸。

（2）估计满足尺寸要求的三点弯曲试件与紧凑拉伸试件的重量比。

解 （1）试件尺寸要求

厚度：
$$B \geqslant 2.5 \left(\frac{K_{IC}}{\sigma_s} \right)^2 = 56.25 \text{ mm}$$

宽度：
$$W=2B=112.5 \text{ mm}$$

标准试件设计尺寸如下。对于三点弯曲试件：
$$B=56.25 \text{ mm}, W=112.5 \text{ mm}, S=4W=460 \text{ mm}$$

对于紧凑拉伸试件：

$$B=56.25 \text{ mm}, H=1.2W=135 \text{ mm}, S=1.25W=140.6 \text{ mm}, D=0.25W=28.125 \text{ mm}$$

（2）三点弯曲试件与紧凑拉伸试件重量比为 2.9。

可见，测试断裂韧度时，所用三点弯曲试件的重量约为紧凑拉伸试件重量的三倍。但由例 5.7 知，用三点弯曲试件测试断裂韧度所需载荷较紧凑拉伸试件小，且加工简单。

5.7　能量释放率

Griffith 早在 1921 年就首先提出，裂纹的出现使固体材料出现新的表面，系统在开裂过程中释放的一部分能量将转化成裂纹表面能。根据能量转化关系，有

$$\frac{\mathrm{d}}{\mathrm{d}a}(W-U)=\gamma \tag{5-56}$$

这里，W 是外力功，U 是系统释放的应变能，γ 是裂纹面单位面积的表面能，a 是裂纹尺寸。Irwin 引入能量释放率的概念，定义

$$G=\frac{\mathrm{d}}{\mathrm{d}a}(W-U) \tag{5-57}$$

G 表示裂纹扩展单位面积需要消耗的能量，又称为裂纹扩展力。它与结构的受力形式、裂纹尺寸等有关，量纲为 [力]/[长度]，常用单位为 N/m。

裂纹要扩展就必须克服裂纹扩展阻力 G_c，因此要控制裂纹不发生扩展，就必须满足
$$G<G_c$$

对于 Ⅰ 型裂纹，上述表达式可以表示为
$$G_{\mathrm{I}}<G_{\mathrm{I}c} \tag{5-58}$$

由于式（5-58）和式（5-51）描述的是同一个物理现象，因此能量释放率 G_{I} 和应力强度因子 K_{I} 之间必然存在一定的关系。以无穷远处受均匀拉应力作用的无限大中心裂纹板为例，假设远场应力保持不变，裂纹两端各向前扩展 $\mathrm{d}a$。此时，外力所做的功一半用于增加结构应变能，一半用于推动裂纹向前扩展，因此有

$$G_{\mathrm{I}}=\frac{\mathrm{d}W}{2\mathrm{d}a}=\frac{\mathrm{d}U}{\mathrm{d}a}$$

即

$$G_{\mathrm{I}}=\frac{1}{\mathrm{d}a}\int_0^{\mathrm{d}a}\sigma_y(x,0)u_y(\mathrm{d}a-x,\pi)\mathrm{d}x$$

代入式(5-30)和式(5-32)可得

$$G_{\text{I}} = \frac{K_{\text{I}}^2}{E_1} \tag{5-59}$$

这表明能量释放率 G_{I} 和应力强度因子 K_{I} 之间存在明确的关系,因此式(5-58)和式(5-51)是等价的。

小　　结

(1) 断裂力学是研究材料抗断裂性能,以及在各种条件下含裂纹(或缺陷)物体变形和断裂规律的一门学科。

(2) 常见的工程裂纹,按照裂纹在结构中所处的位置和裂纹几何特征,可以划分为中心裂纹、边裂纹、表面裂纹和埋藏裂纹等;按照裂纹承受载荷的形式,可以划分为Ⅰ型(张开型)、Ⅱ型(滑开型)和Ⅲ型(撕开型)裂纹。

(3) 裂纹尖端应力场具有奇异性,其强弱由应力强度因子控制。

(4) 控制材料或结构断裂的三个主要因素是:裂纹尺寸和形状、作用应力和材料的断裂韧度。

(5) 平面应变断裂韧度是与厚度无关的、反映材料最低抗断裂能力的材料常数。

(6) 能量释放率和应力强度因子之间存在明确的关系,因此判断裂纹是否开裂的能量释放率准则和应力强度因子准则是等价的。

思考题与习题

5-1　三点弯曲试样 $B=30$ mm、$W=60$ mm、$S=240$ mm,裂纹尺寸 $a=32$ mm。若施加载荷 $F=50$ kN,求 K_{I}。

5-2　已知某一含中心裂纹 $2a=100$ mm 的大尺寸钢板受拉应力 $\sigma_{\text{C1}}=304$ MPa 作用时发生断裂,若在另一相同的钢板中有一中心裂纹 $2a=40$ mm,试估计其断裂应力 σ_{C2}。

5-3　某材料 $\sigma_{\text{s}}=350$ MPa,用 $B=50$ mm、$W=100$ mm、$S=4W$ 的标准三点弯曲试件测试其断裂韧度,预制裂纹尺寸 $a=53$ mm。由试验得到的 F-V 曲线知断裂载荷 $F_{\text{Q}}=54$ kN,试计算该材料的断裂韧度 K_{IC} 并校核其有效性。

5-4　材料同题 5-3,若采用 $B=50$ mm、$W=100$ mm 的标准紧凑拉伸试件测试其断裂韧度,预制裂纹尺寸仍为 $a=53$ mm。试估算试验所需施加的断裂载荷 F。

5-5　欲测试某材料的断裂韧度,已知其屈服应力 $\sigma_{\text{s}}=800$ MPa,预计断裂韧度 $K_{\text{IC}}=$

$100\ \text{MPa}\ \sqrt{\text{m}}$，试设计能保证试验有效的试件尺寸。

5-6　某材料 $\sigma_{0.2} = 1050\ \text{MPa}$，标准紧凑拉伸试件尺寸为 $B = 50\ \text{mm}$、$W = 100\ \text{mm}$，预制裂纹尺寸 $a = 52\ \text{mm}$。由试验得到的 $F\text{-}V$ 曲线可知断裂载荷 $F_{\max} = 261\ \text{kN}$，$F_Q = 241\ \text{kN}$，试计算该材料的断裂韧度 K_Q 并校核其有效性。

5-7　某合金钢在不同热处理状态下的性能为

（1）275 ℃回火：$\sigma_s = 1780\ \text{MPa}$，$K_{IC} = 52\ \text{MPa}\ \sqrt{\text{m}}$；

（2）600 ℃回火：$\sigma_s = 1500\ \text{MPa}$，$K_{IC} = 100\ \text{MPa}\ \sqrt{\text{m}}$。

设工作应力 $\sigma = 750\ \text{MPa}$，应力强度因子表达式为 $K_I = 1.1\sigma\ \sqrt{\pi a}$，试问两种情况下的临界裂纹长度 a_C 各为多少？

第6章 表面裂纹

　　裂纹将引起低应力下的断裂。工程结构中的裂纹,通常是在疲劳载荷作用下发生或发展的。除材料自身缺陷形成的裂纹外,疲劳载荷作用下萌生的裂纹大都起源于应力水平高的表面。表面裂纹引起的断裂破坏,是工程实际中最常见的。

　　表面裂纹问题是三维问题,表面裂纹的形状一般呈半椭圆形,用半椭圆描述,如图6.1所示。因此,各种半椭圆表面裂纹应力强度因子的计算,对于实际工程零、构件的断裂分析,疲劳裂纹扩展寿命的估计等,是十分重要的。

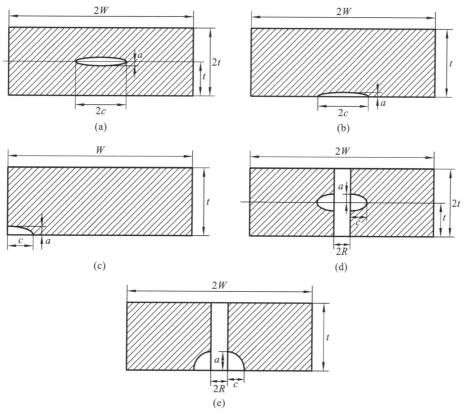

图 6.1　有限体中的三维裂纹
(a)埋藏裂纹;(b)表面裂纹;(c)角裂纹;(d)孔壁表面裂纹;(e)孔壁角裂纹

　　由于问题的复杂性,三维表面裂纹问题的解析解目前仍难以得到。为满足解决工程实际问题的需要,许多力学研究工作者利用各种近似分析方法、数值方法、试验方法及工程估计方法,努力寻求尽可能精确的应力强度因子解。如 Smith、Kobayashi 等用交替法,Newman 和 Raju 等用有限元法,Heliot 等用边界积分方程法,Aboutorabi 等用试验方法,Letunov 等用工程估计方法,得到了一些可用的解。本章主要介绍有关表面裂纹的若干可用应力强度因子解及其应用,不讨论应力强度因子的求解方法。

6.1 拉伸载荷作用下无限大体中的埋藏裂纹和表面裂纹

6.1.1 无限大体中埋藏椭圆裂纹

如图 6.2 所示,在无限大体中有一埋藏椭圆裂纹,受垂直于裂纹面的拉伸载荷作用。1962 年,Irwin 给出了它的应力强度因子解。

$$K_1 = \frac{\sigma\sqrt{\pi a}}{E(k)}\left(\sin^2\theta + \frac{a^2}{c^2}\cos^2\theta\right)^{\frac{1}{4}} \tag{6-1}$$

式中,σ 为名义正应力;a、c 为椭圆裂纹的短、长半轴长;θ 为过裂纹周线上任一点的径向线与长轴间的夹角;$E(k)$ 为第二类完全椭圆积分,即

$$E(k) = \int_0^{\frac{\pi}{2}}\left(1 - \frac{c^2 - a^2}{c^2}\sin^2\theta\right)^{\frac{1}{2}}\mathrm{d}\theta \tag{6-2}$$

对于给定短、长半轴 a、c 的椭圆,积分 $E(k)$ 为常数。

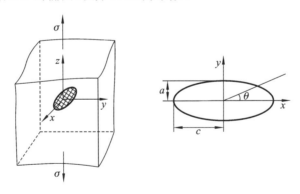

图 6.2　无限大体中埋藏椭圆裂纹

可见,埋藏椭圆裂纹周边的应力强度因子随考察点所处位置的不同而不同,是角度 θ 的函数。在工程问题中,通常最关心沿短、长半轴处裂纹尖端的应力强度因子。很容易证明,当 $\theta = \frac{\pi}{2}$ 时,即在短轴方向的裂纹尖端,应力强度因子取到最大值,且

$$K_{1\left(\frac{\pi}{2}\right)} = \frac{\sigma\sqrt{\pi a}}{E(k)}$$

而当 $\theta=0$ 时，即在长轴方向的裂纹尖端，应力强度因子取到最小值，且

$$K_{\mathrm{I}(0)}=\frac{\sigma\sqrt{\pi a}}{E(k)}\sqrt{\frac{a}{c}}$$

注意，$a<c$。

如果 $a=c$，则裂纹为圆盘形。此时，$E(k)=\dfrac{\pi}{2}$，由式(6-1)易得

$$K_{\mathrm{I}}=\frac{2}{\pi}\sigma\sqrt{\pi a} \tag{6-3}$$

这表明，在垂直于裂纹面的远场均匀拉应力作用下，无限大体中圆盘形埋藏裂纹的应力强度因子在裂纹尖端的圆周上处处相等。

当 $c\to\infty$ 时，问题转变为在无限大体中含有一长为 $2a$ 的中心穿透裂纹问题。此时，$\dfrac{c^{2}-a^{2}}{c^{2}}\to1$ 且 $E(k)=1$，因此短轴方向（裂纹深度方向）裂纹尖端的应力强度因子为

$$K_{\mathrm{I}}=\sigma\sqrt{\pi a}$$

这正是第 5 章给出的在远场均匀拉应力作用下无限大体中含一长为 $2a$ 的穿透裂纹的应力强度因子解。

6.1.2　半无限大体中半椭圆表面裂纹

如果将图 6.2 所示的无限大体沿 $y=0$ 的对称平面切开，该问题就转变为在一个半无限大体中含有一个半椭圆表面裂纹的问题，如图 6.3 所示。被切除的部分对半无限大体中半椭圆表面裂纹应力强度因子的影响，可以用前自由表面修正系数 M_{f} 进行修正。因此，在垂直于裂纹面的拉伸载荷作用下，半无限大体中半椭圆表面裂纹的应力强度因子可以表示为

$$K_{\mathrm{I}}=M_{\mathrm{f}}\frac{\sigma\sqrt{\pi a}}{E(k)}\left(\sin^{2}\theta+\frac{a^{2}}{c^{2}}\cos^{2}\theta\right)^{\frac{1}{4}} \tag{6-4}$$

利用式(6-4)，只要确定了前自由表面修正系数 M_{f}，就可给出半无限大体中半椭圆表面裂纹的应力强度因子。

为估计前自由表面修正系数 M_{f}，先讨论下面两种极端情况。

情况 1：在图 6.3 中，当 $c\to\infty$（即 $\dfrac{a}{c}\to0$）时，问题转变为半无限大体中含一长为 a 的单边穿透裂纹问题。半无限大体中含一长为 a 的单边穿透裂纹的应力强度因子为

$$K_{\mathrm{I}}=1.1215\sigma\sqrt{\pi a} \tag{6-5}$$

这一结果是 Hartranft 和 Sih 在 1973 年给出的。

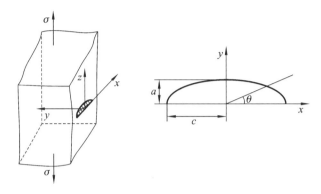

图 6.3　半无限大体中半椭圆表面裂纹

注意到此时有 $\dfrac{c^2-a^2}{c^2}\to 1$ 且 $E(k)=1$，由式（6-4）可知，裂纹尖端 $\left(\theta=\dfrac{\pi}{2}\right)$ 的应力强度因子为

$$K_{\mathrm{I}\left(\frac{\pi}{2}\right)}=M_{\mathrm{f}\left(\frac{\pi}{2}\right)}\sigma\sqrt{\pi a} \tag{6-6}$$

比较式（6-5）和式（6-6），很明显，当 $\dfrac{a}{c}\to 0$ 时，有

$$M_{\mathrm{f}\left(\frac{\pi}{2}\right)}=1.1215$$

情况 2：若图 6.3 中的表面裂纹短、长半轴相等，即当 $a=c$（即 $\dfrac{a}{c}=1$）时，则问题转变为半无限大体中含一半径为 a 的半圆形表面裂纹问题。Smith 给出了拉伸载荷作用下半无限大体中半圆形表面裂纹最深处（即 $\theta=\dfrac{\pi}{2}$）的应力强度因子。

$$K_{\mathrm{I}\left(\frac{\pi}{2}\right)}=1.03\,\dfrac{2}{\pi}\sigma\sqrt{\pi a} \tag{6-7}$$

根据式（6-4），半无限大体中表面裂纹的应力强度因子等于无限大体中埋藏裂纹的应力强度因子与前自由表面修正系数 M_{f} 的乘积，再由式（6-3），半无限大体中半圆形表面裂纹最深处的应力强度因子为

$$K_{\mathrm{I}\left(\frac{\pi}{2}\right)}=M_{\mathrm{f}\left(\frac{\pi}{2}\right)}\dfrac{2}{\pi}\sigma\sqrt{\pi a} \tag{6-8}$$

比较式（6-7）和式（6-8），很明显，当 $\dfrac{a}{c}=1$ 时，有

$$M_{\mathrm{f}\left(\frac{\pi}{2}\right)}=1.03$$

可见，前自由表面修正系数 M_{f} 与半椭圆表面裂纹的形状参数（即短、长轴比 $\dfrac{a}{c}$）有关。

对于以上两种特殊情况，在裂纹最深处 $\left(\theta=\dfrac{\pi}{2}\right)$，当 $\dfrac{a}{c}=1$ 时，$M_{\mathrm{f}\left(\frac{\pi}{2}\right)}=1.03$；当 $\dfrac{a}{c}\to 0$ 时，

$M_{f(\frac{\pi}{2})} = 1.1215$。由此可以初步推断,如果 $M_{f(\frac{\pi}{2})}$ 随形状参数 $\dfrac{a}{c}$ 单调下降,则当裂纹形状

参数 $\dfrac{a}{c}$ 从 0 增大到 1 时, $M_{f(\frac{\pi}{2})}$ 应从 1.03 增大到 1.1215。

基于上述讨论,许多学者在进一步采用各种数值方法进行研究和分析之后,给出了半无限大体中半椭圆表面裂纹深度方向 $\left(\theta = \dfrac{\pi}{2}\right)$ 应力强度因子前自由表面修正系数 $M_{f(\frac{\pi}{2})}$ 的表达式。

$$M_{f(\frac{\pi}{2})} = 1 + 0.12\left(1 - 0.75\frac{a}{c}\right) \tag{6-9}$$

$$M_{f(\frac{\pi}{2})} = 1 + 0.12\left(1 - \frac{a}{2c}\right)^2 \tag{6-10}$$

$$M_{f(\frac{\pi}{2})} = 1.13 - 0.07\left(\frac{a}{c}\right)^{\frac{1}{2}} \tag{6-11}$$

式(6-9)是由 Maddox 给出的,具有简单的线性形式。式(6-10)是由 Kobayashi 给出的,使用较广泛。这两式给出的预测相差不到 1%,如图 6.4 所示。式(6-11)是由 Scott 给出的,其预测的前自由表面修正系数 $M_{f(\frac{\pi}{2})}$ 对形状参数 $\dfrac{a}{c}$ 的依赖性要弱一些,在预测半椭圆表面裂纹疲劳扩展的形状改变时,可以得到更好的结果。式(6-11)的预测结果与式(6-9)和式(6-10)的相比,最大相差约 3%。

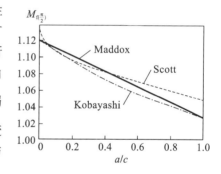

图 6.4 前自由表面修正系数预测

因此,在垂直于裂纹面的远场均匀拉应力作用下,半无限大体中半椭圆表面裂纹最深处的应力强度因子可表示为

$$K_{I(\frac{\pi}{2})} = M_{f(\frac{\pi}{2})} \frac{\sigma \sqrt{\pi a}}{E(k)} \tag{6-12}$$

其中, $M_{f(\frac{\pi}{2})}$ 可按式(6-9)、(6-10)或式(6-11)计算。

根据式(6-4),在垂直于裂纹面的远场均匀拉应力作用下,半无限大体中半椭圆表面裂纹表面处($\theta = 0$)的应力强度因子可以表示为

$$K_{I(0)} = M_f \frac{\sigma \sqrt{\pi a}}{E(k)} \sqrt{\frac{a}{c}} = M_{f(0)} \frac{\sigma \sqrt{\pi a}}{E(k)} \tag{6-13}$$

在综合若干数值分析结果之后,Scott 给出了半无限大体中半椭圆表面裂纹表面处应力强度因子前自由表面修正系数 $M_{f(0)}$ 的表达式。

$$M_{f(0)} = \left[1.21 - 0.1\frac{a}{c} + 0.1\left(\frac{a}{c}\right)^4\right]\sqrt{\frac{a}{c}} \tag{6-14}$$

当 $\dfrac{a}{c}=1$ 时，$M_{f(0)}=1.21$。注意此时 $E(k)=\dfrac{\pi}{2}$，由式（6-13）和式（6-14）可得，在垂直于裂纹面的远场均匀拉应力作用下，半无限大体中半圆形表面裂纹表面处的应力强度因子为

$$K_{I(0)}=1.21\,\frac{2}{\pi}\sigma\,\sqrt{\pi a} \tag{6-15}$$

6.2　拉伸载荷作用下有限体中的表面裂纹

在工程中，如果裂纹尺寸与结构件的尺寸相比非常小，就可以把结构近似地处理成无限大体或半无限大体。但是，如果裂纹尺寸与结构件的尺寸相差不是很大，采用无限大体中埋藏椭圆裂纹或半无限大体中半椭圆表面裂纹的解，就会出现比较大的误差。因此，需要研究有限尺寸对埋藏裂纹或表面裂纹应力强度因子的影响。

Newman 和 Raju 利用有限元方法，系统地研究了在拉伸载荷作用下有限体中埋藏裂纹和表面裂纹的应力强度因子。依据计算结果，通过数值拟合，给出了许多经验表达式。下面就是对他们相关工作的一个总结。

6.2.1　埋藏椭圆裂纹

一含埋藏椭圆裂纹的有限体，如图 6.5 所示，受远场拉应力作用，裂纹周围的应力强度因子可表示为

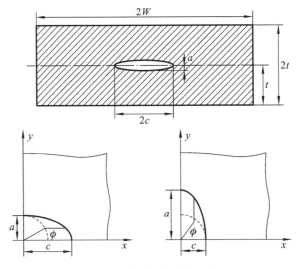

图 6.5　埋藏裂纹及裂纹角定义

$$K_{\mathrm{I}} = F_{\mathrm{e}} \left(\frac{a}{c}, \frac{a}{t}, \frac{c}{W}, \phi \right) \frac{\sigma \sqrt{\pi a}}{E(k)} \tag{6-16}$$

式(6-16)适用于：

$$0 \leqslant \frac{a}{c} < \infty, \frac{c}{W} < 0.5, -\pi \leqslant \phi \leqslant \pi$$

并且当 $0 \leqslant \frac{a}{c} \leqslant 0.2$ 时，$\frac{a}{t} < 1.25 \left(0.6 + \frac{a}{c} \right)$；当 $0.2 < \frac{a}{c} < \infty$ 时，$\frac{a}{t} < 1$。

在式(6-16)中，F_{e} 是几何修正函数。考虑到裂纹形状参数 $\frac{a}{c}$、有限厚度参数 $\frac{a}{t}$、有限宽度参数 $\frac{c}{W}$ 以及裂纹角 ϕ 等的影响，F_{e} 可以表示为

$$F_{\mathrm{e}} = \left[M_1 + M_2 \left(\frac{a}{t} \right)^2 + M_3 \left(\frac{a}{t} \right)^4 \right] g_1 f_\phi f_W \tag{6-17}$$

式中，

$$M_1 = \begin{cases} 1 & \left(\frac{a}{c} \leqslant 1 \right) \\ \sqrt{c/a} & \left(\frac{a}{c} > 1 \right) \end{cases} \tag{6-18}$$

$$M_2 = \frac{0.05}{0.11 + \left(\frac{a}{c} \right)^{\frac{3}{2}}} \tag{6-19}$$

$$M_3 = \frac{0.29}{0.23 + \left(\frac{a}{c} \right)^{\frac{3}{2}}} \tag{6-20}$$

$$g_1 = 1 - \frac{\left(\frac{a}{t} \right)^4 |\cos\phi|}{1 + \frac{4a}{c}} \tag{6-21}$$

$$f_\phi = \begin{cases} \left[\left(\frac{a}{c} \right)^2 \cos^2\phi + \sin^2\phi \right]^{\frac{1}{4}} & \left(\frac{a}{c} \leqslant 1 \right) \\ \left[\left(\frac{a}{c} \right)^2 \sin^2\phi + \cos^2\phi \right]^{\frac{1}{4}} & \left(\frac{a}{c} > 1 \right) \end{cases} \tag{6-22}$$

$$f_W = \left[\sec \left(\frac{\pi c}{2W} \sqrt{\frac{a}{t}} \right) \right]^{\frac{1}{2}} \tag{6-23}$$

如果裂纹尺寸 a、c 远小于结构尺寸 W，则有限宽度修正系数 f_W 趋近于 1。

当 $t \to \infty$，$W \to \infty$ 时，$\frac{a}{t} \to 0$，$f_W = 1$，$g_1 = 1$，因此有 $F_{\mathrm{e}} = M_1 f_\phi$，式(6-16)给出的恰好就是无限大体中埋藏椭圆裂纹的应力强度因子解。

为了方便,椭圆积分 $E(k)$ 可通过下面的近似表达式计算,其误差小于 0.13%。

$$E(k)=\begin{cases} \left[1+1.464\left(\dfrac{a}{c}\right)^{1.65}\right]^{\frac{1}{2}} & \left(\dfrac{a}{c}\leqslant 1\right) \\[2mm] \left[1+1.464\left(\dfrac{c}{a}\right)^{1.65}\right]^{\frac{1}{2}} & \left(\dfrac{a}{c}>1\right) \end{cases} \tag{6-24}$$

6.2.2　半椭圆表面裂纹

在拉伸载荷作用下,图 6.6 所示的半椭圆表面裂纹的应力强度因子可表达为

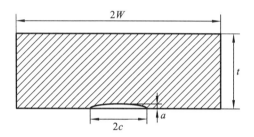

图 6.6　半椭圆表面裂纹

$$K_{\mathrm{I}}=F_{\mathrm{s}}\left(\frac{a}{c},\frac{a}{t},\frac{c}{W},\phi\right)\frac{\sigma\sqrt{\pi a}}{E(k)} \tag{6-25}$$

式(6-25)适用于:

$$0\leqslant\frac{a}{c}<2,\frac{c}{W}<0.5,0\leqslant\phi\leqslant\pi$$

并且当 $0\leqslant\dfrac{a}{c}\leqslant 0.2$ 时,$\dfrac{a}{t}<1.25\left(0.6+\dfrac{a}{c}\right)$;当 $0.2<\dfrac{a}{c}<\infty$ 时,$\dfrac{a}{t}<1$。

几何修正函数 F_{s} 可表示为

$$F_{\mathrm{s}}=\left[M_1+M_2\left(\frac{a}{t}\right)^2+M_3\left(\frac{a}{t}\right)^4\right]g_1f_\phi f_W \tag{6-26}$$

式中,各系数需要根据裂纹形状参数 $\dfrac{a}{c}$ 的取值情况分别给出。除 f_ϕ 和 f_W 仍由式(6-22)和式(6-23)给出以外,M_1、M_2、M_3 和 g_1 由下列诸式给出。

当 $\dfrac{a}{c}\leqslant 1$ 时,有

$$M_1=1.13-0.09\frac{a}{c}$$

$$M_2=-0.54+\frac{0.89}{0.2+\dfrac{a}{c}}$$

$$M_3 = 0.5 - \frac{1}{0.65 + \dfrac{a}{c}} + 14\left(1 - \frac{a}{c}\right)^{24}$$

$$g_1 = 1 + \left[0.1 + 0.35\left(\frac{a}{t}\right)^2\right](1 - \sin\phi)^2$$

当 $\dfrac{a}{c} > 1$ 时,有

$$M_1 = \left(1 + 0.04\frac{c}{a}\right)\sqrt{\frac{c}{a}}$$

$$M_2 = 0.2\left(\frac{c}{a}\right)^4$$

$$M_3 = -0.11\left(\frac{c}{a}\right)^4$$

$$g_1 = 1 + \left[0.1 + 0.35\frac{ac}{t^2}\right](1 - \sin\phi)^2$$

例 6.1 在 $W = 100$ mm、$t = 12$ mm 的板中有一 $a = 1$ mm、$c = 5$ mm 的半椭圆表面裂纹,受拉伸载荷作用 $\sigma = 600$ MPa 作用,试求裂纹最深处 $\left(\phi = \dfrac{\pi}{2}\right)$ 的应力强度因子 $K_{\mathrm{I}\left(\frac{\pi}{2}\right)}$。

解 $\dfrac{a}{c} = 0.2,\dfrac{c}{W} = 0.05,\dfrac{a}{t} = \dfrac{1}{12}$,满足式(6-25)的适用范围,因此可以利用它计算半椭圆表面裂纹的应力强度因子。注意到本题 $\dfrac{a}{c} \leqslant 1$,因此有

$$M_1 = 1.13 - 0.09\frac{a}{c} = 1.112$$

$$M_2 = -0.54 + \frac{0.89}{0.2 + \dfrac{a}{c}} = 1.685$$

$$M_3 = 0.5 - \frac{1}{0.65 + \dfrac{a}{c}} + 14\left(1 - \frac{a}{c}\right)^{24} = -0.61$$

$$g_1 = 1 + \left[0.1 + 0.35\left(\frac{a}{t}\right)^2\right](1 - \sin\phi)^2 = 1.0$$

而且

$$f_\phi = \left[\left(\frac{a}{c}\right)^2\cos^2\phi + \sin^2\phi\right]^{\frac{1}{4}} = 1$$

$$f_w = \left[\sec\left(\frac{\pi c}{2W}\sqrt{\frac{a}{t}}\right)\right]^{\frac{1}{2}} = 1$$

几何修正函数

$$F_s = \left[M_1 + M_2 \left(\frac{a}{t} \right)^2 + M_3 \left(\frac{a}{t} \right)^4 \right] g_1 f_\phi f_W = 1.1237$$

由式(6-24)可知，当 $\frac{a}{c} \leqslant 1$ 时，有

$$E(k) = \left[1 + 1.464 \left(\frac{a}{c} \right)^{1.65} \right]^{\frac{1}{2}} = 1.05$$

因此，

$$K_{I\left(\frac{\pi}{2}\right)} = F_s \frac{\sigma \sqrt{\pi a}}{E(k)} = 35.99 \ \text{MPa} \sqrt{m}$$

讨论：

在表面处($\phi = 0$)，有

$$g_1 = 1 + \left[0.1 + 0.35 \left(\frac{a}{t} \right)^2 \right] (1 - \sin\phi)^2 = 1.102$$

$$f_\phi = \left[\left(\frac{a}{c} \right)^2 \cos^2\phi + \sin^2\phi \right]^{\frac{1}{4}} = 0.4472$$

其余各量不变，可知几何修正函数为

$$F_s = 0.5538$$

因此，裂纹在表面处的应力强度因子为

$$K_{I(0)} = 19.93 \ \text{MPa} \sqrt{m}$$

6.2.3　四分之一椭圆角裂纹

在拉伸载荷作用下，图 6.7 所示的四分之一椭圆角裂纹的应力强度因子为

$$K_I = F_c \left(\frac{a}{c}, \frac{a}{t}, \phi \right) \frac{\sigma \sqrt{\pi a}}{E(k)} \tag{6-27}$$

适用范围为

$$0.2 \leqslant \frac{a}{c} < 2, \frac{a}{t} < 1, \frac{c}{W} < 0.2, 0 \leqslant \phi \leqslant \frac{\pi}{2}$$

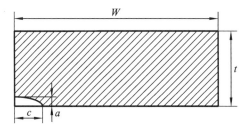

图 6.7　四分之一椭圆角裂纹

角裂纹的几何修正函数 F_c 可表示为

$$F_c = \left[M_1 + M_2 \left(\frac{a}{t} \right)^2 + M_3 \left(\frac{a}{t} \right)^4 \right] g_1 g_2 f_\phi$$

式中,各系数需要根据裂纹形状参数 $\frac{a}{c}$ 的取值情况分别给出。

当 $\frac{a}{c} \leqslant 1$ 时,有

$$M_1 = 1.08 - 0.03 \frac{a}{c}$$

$$M_2 = -0.44 + \frac{1.06}{0.3 + \frac{a}{c}}$$

$$M_3 = -0.5 + 0.25 \frac{a}{c} + 14.8 \left(1 - \frac{a}{c} \right)^{15}$$

$$g_1 = 1 + \left[0.08 + 0.4 \left(\frac{a}{t} \right)^2 \right] (1 - \sin\phi)^3$$

$$g_2 = 1 + \left[0.08 + 0.15 \left(\frac{a}{t} \right)^2 \right] (1 - \cos\phi)^3$$

当 $\frac{a}{c} > 1$ 时,有

$$M_1 = \left(1.08 - 0.03 \frac{c}{a} \right) \sqrt{\frac{c}{a}}$$

$$M_2 = 0.375 \left(\frac{c}{a} \right)^2$$

$$M_3 = -0.25 \left(\frac{c}{a} \right)^2$$

$$g_1 = 1 + \left[0.08 + 0.4 \left(\frac{c}{t} \right)^2 \right] (1 - \sin\phi)^3$$

$$g_2 = 1 + \left[0.08 + 0.15 \left(\frac{c}{t} \right)^2 \right] (1 - \cos\phi)^3$$

f_ϕ 仍由式(6-22)给出。

6.2.4 孔壁半椭圆表面裂纹

工程中的孔壁裂纹是十分常见的。在拉伸载荷作用下,如图 6.8 所示的孔壁对称半椭圆表面裂纹的应力强度因子为

$$K_{\mathrm{I}} = F_{\mathrm{sh}} \left(\frac{a}{c}, \frac{a}{t}, \frac{R}{t}, \frac{R}{W}, \frac{c}{W}, \phi \right) \frac{\sigma \sqrt{\pi a}}{E(k)} \tag{6-28}$$

式(6-28)的适用范围为

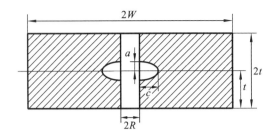

图 6.8　孔壁对称半椭圆表面裂纹

$$0.2 \leqslant \frac{a}{c} \leqslant 2, \frac{a}{t} < 1, 0.5 \leqslant \frac{R}{t} \leqslant 2, \frac{R+c}{W} < 0.5, -\frac{\pi}{2} \leqslant \phi \leqslant \frac{\pi}{2}$$

孔壁对称半椭圆表面裂纹的几何修正函数 F_{sh} 可表示为

$$F_{sh} = \left[M_1 + M_2 \left(\frac{a}{t} \right)^2 + M_3 \left(\frac{a}{t} \right)^4 \right] g_1 g_2 g_3 f_\phi f_w$$

式中，修正系数 M_1、M_2、M_3 及 g_1 分别由式(6-18)、式(6-19)、式(6-20)和式(6-21)给出，修正系数 g_2 和 g_3 的表达式如下

$$g_2 = \frac{1 + 0.358\lambda + 1.425\lambda^2 - 1.578\lambda^3 + 2.156\lambda^4}{1 + 0.08\lambda^2}$$

$$g_3 = 1 + 0.1(1 - \cos\phi)^2 \left(1 + \frac{a}{t} \right)^{10}$$

其中，

$$\lambda = \left[1 + \frac{c}{R} \cos(0.9\phi) \right]^{-1}$$

f_ϕ 仍由式(6-22)给出，有限宽度修正系数 f_w 为

$$f_w = \left[\sec \left(\frac{\pi R}{2W} \right) \sec \left(\frac{\pi(2R + nc)}{4(W - c) + 2nc} \sqrt{\frac{a}{t}} \right) \right]^{\frac{1}{2}} \tag{6-29}$$

式中，n 为裂纹数。对于孔壁对称半椭圆表面裂纹，$n = 2$；若为孔壁单侧半椭圆表面裂纹，$n = 1$。

孔壁单侧半椭圆表面裂纹的应力强度因子，可利用孔壁对称椭圆表面裂纹的解，按下式估算：

$$K_{I(n=1)} = \sqrt{\frac{\frac{4}{\pi} + \frac{ac}{2tR}}{\frac{4}{\pi} + \frac{ac}{tR}}} K_{I(n=2)} \tag{6-30}$$

式中，$K_{I(n=2)}$ 是孔壁对称半椭圆表面裂纹的解，由式(6-28)给出。但是必须注意，此时的有限宽度修正系数应按孔壁单侧半椭圆表面裂纹情况（即 $n = 1$）来计算。最后，由式(6-30)得到的 $K_{I(n=1)}$ 即孔壁单侧半椭圆表面裂纹的解。

6.2.5　孔边四分之一椭圆角裂纹

在孔边有对称四分之一椭圆角裂纹存在的情况下,如图 6.9 所示,应力强度因子可以表达为

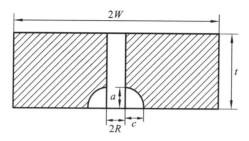

图 6.9　孔边对称四分之一椭圆角裂纹

$$K_{\mathrm{I}}=F_{\mathrm{ch}}\left(\frac{a}{c},\frac{a}{t},\frac{R}{t},\frac{R}{W},\frac{c}{W},\phi\right)\frac{\sigma\sqrt{\pi a}}{E(k)} \tag{6-31}$$

式(6-31)的适用范围为

$$0.2\leqslant\frac{a}{c}\leqslant2,\frac{a}{t}<1,0.5\leqslant\frac{R}{t}\leqslant1,\frac{R+c}{W}<0.5,0\leqslant\phi\leqslant\frac{\pi}{2}$$

几何修正函数 F_{ch} 有

$$F_{\mathrm{ch}}=\left[M_1+M_2\left(\frac{a}{t}\right)^2+M_3\left(\frac{a}{t}\right)^4\right]g_1g_2g_3f_\phi f_W$$

式中,修正系数 M_1、M_2、M_3 及 g_1 根据裂纹形状参数 $\frac{a}{c}$ 的取值情况分别给出,与半椭圆表面裂纹的相同;修正系数 g_2 和 g_3 的表达式如下:

$$g_2=\frac{1+0.358\lambda+1.425\lambda^2-1.578\lambda^3+2.156\lambda^4}{1+0.13\lambda^2}$$

$$g_3=\begin{cases}\left(1+0.04\frac{a}{c}\right)\left[1+0.1(1-\cos\phi)^2\right]\left[0.85+0.15\left(\frac{a}{t}\right)^{\frac{1}{4}}\right] & \left(\frac{a}{c}\leqslant1\right)\\[2mm]\left(1.13-0.09\frac{c}{a}\right)\left[1+0.1(1-\cos\phi)^2\right]\left[0.85+0.15\left(\frac{a}{t}\right)^{\frac{1}{4}}\right] & \left(\frac{a}{c}>1\right)\end{cases}$$

在 g_2 的表达式中,

$$\lambda=\frac{1}{1+\dfrac{c}{R}\cos(0.85\phi)}$$

修正系数 f_ϕ 和 f_W 分别由式(6-22)和式(6-29)给出。

同样可以利用双侧孔边对称椭圆角裂纹的解,按式(6-30)估算单侧孔边椭圆角裂纹的应力强度因子。计算和试验结果都表明,上述估算在工程中是可接受的。

例 6.2　某高强度钢拉杆承受拉应力作用,接头处有一单侧孔边角裂纹 $a=c=1$ mm,孔径 $d=12$ mm,$W=20$ mm,接头耳片厚为 $t=10$ mm。若材料屈服应力为 $\sigma_s=1400$ MPa,断裂韧度 $K_{1c}=120$ MPa$\sqrt{\text{m}}$,试计算发生断裂时的应力 σ_c。

解　通过检查,发现式(6-31)的适用条件是满足的。由于 $\dfrac{a}{c}=1$,因此

$$M_1=1.13-0.09\frac{a}{c}=1.04$$

$$M_2=-0.54+\frac{0.89}{0.2+\dfrac{a}{c}}=0.2$$

$$M_3=0.5-\frac{1}{0.65+\dfrac{a}{c}}+14\left(1-\frac{a}{c}\right)^{24}=-0.1$$

易知,当 $\phi=0$ 时应力强度因子最大,此时

$$g_1=1+\left[0.1+0.35\left(\frac{a}{t}\right)^2\right](1-\sin\phi)^2=1.1035$$

$$\lambda=\frac{1}{1+\dfrac{c}{R}\cos(0.85\phi)}=0.857$$

$$g_2=\frac{1+0.358\lambda+1.425\lambda^2-1.578\lambda^3+2.156\lambda^4}{1+0.13\lambda^2}=2.303$$

$$g_3=\left(1+0.04\frac{a}{c}\right)\left[1+0.1(1-\cos\phi)^2\right]\left[0.85+0.15\left(\frac{a}{t}\right)^{\frac{1}{4}}\right]=0.972$$

$$f_\phi=\left[\left(\frac{a}{c}\right)^2\cos^2\phi+\sin^2\phi\right]^{\frac{1}{4}}=1$$

由于是单侧裂纹,$n=1$,故有

$$f_w=\left[\sec\left(\frac{\pi R}{2W}\right)\sec\left(\frac{\pi(2R+nc)}{4(W-c)+2nc}\sqrt{\frac{a}{t}}\right)\right]^{\frac{1}{2}}=1.0667$$

所以,几何修正函数 F_{ch} 为

$$F_{ch}=\left[M_1+M_2\left(\frac{a}{t}\right)^2+M_3\left(\frac{a}{t}\right)^4\right]g_1g_2g_3f_\phi f_w=2.7456$$

注意到 $\dfrac{a}{c}=1$,$E(k)=\dfrac{\pi}{2}$,因此根据式(6-31)有

$$K_{1\,(n=2)}=F_{ch}\frac{\sigma_c\sqrt{\pi a}}{E(k)}=0.0980\sigma_c$$

再由式(6-30)得到

$$K_{\mathrm{I}(n=1)} = \sqrt{\dfrac{\dfrac{4}{\pi}+\dfrac{ac}{2tR}}{\dfrac{4}{\pi}+\dfrac{ac}{tR}}} K_{\mathrm{I}(n=2)} = 0.0977\sigma_{\mathrm{C}}$$

根据断裂判据,有

$$K_{\mathrm{I}(n=1)} = 0.0977\sigma_{\mathrm{C}} \leqslant K_{\mathrm{I}C}$$

得到断裂应力为

$$\sigma_{\mathrm{C}} = 1228.25 \ \mathrm{MPa}$$

可见,当存在 1 mm 的裂纹时,只要应力 $\sigma > 1228.25$ MPa,拉杆就将发生断裂。若无裂纹存在,该应力低于屈服应力 $\sigma_{\mathrm{s}} = 1400$ MPa,强度显然是足够的。

6.3　弯曲和拉弯组合载荷作用下有限体中的表面裂纹

在弯曲载荷作用下,构件内的弯曲正应力也会引起裂纹的张开型扩展而导致破坏。因此,研究弯曲载荷作用下裂纹(尤其是表面裂纹)的应力强度因子,具有重要的工程实际意义。

6.3.1　弯曲载荷作用下有限体中的表面裂纹

Kobayashi 等先研究了在弯曲载荷作用下无限大体中埋藏椭圆裂纹,之后在此基础上讨论了在纯弯曲情况下有限厚板中半椭圆表面裂纹。对于如图 6.10 所示的有限厚板中半椭圆表面裂纹,纯弯曲情况下的应力强度因子可表示为

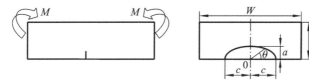

图 6.10　弯曲载荷下有限厚板中的表面裂纹

$$K_{\mathrm{I}} = M_{\mathrm{tb}} \frac{\sigma_{\mathrm{b}}\sqrt{\pi a}}{E(k)} \left(\sin^2\theta + \frac{a^2}{c^2}\cos^2\theta \right)^{\frac{1}{4}} \tag{6-32}$$

式中,σ_{b} 是名义弯曲正应力,即假设裂纹不存在时,在弯矩 M 作用下有限厚板裂纹所在外层纤维处(即 O 处)的应力;M_{tb} 是有限厚度修正系数。注意到,式(6-32)与拉伸载荷作用下半无限大体中半椭圆表面裂纹应力强度因子的表达式(6-4)具有相同的形式,只是将 σ 换成了名义弯曲正应力 σ_{b},同时将前自由表面修正系数 M_{f} 换成了有限厚度(包括前、后表面)修正系数 M_{tb}。

这里,我们主要关心裂纹最深处 $\left(\theta=\dfrac{\pi}{2}\right)$ 和裂纹表面处($\theta=0$)的应力强度因子。在裂

纹最深处，$\theta = \dfrac{\pi}{2}$，式(6-32)给出应力强度因子为

$$K_{\mathrm{I}\,(\frac{\pi}{2})} = M_{\mathrm{tb}\,(\frac{\pi}{2})}\,\frac{\sigma_{\mathrm{b}}\,\sqrt{\pi a}}{E(k)} \tag{6-33}$$

Scott 等拟合数值计算结果后，给出了有限厚板中半椭圆表面裂纹最深处$\left(\theta = \dfrac{\pi}{2}\right)$与表面处($\theta = 0$)的应力强度因子表达式为

$$K_{\mathrm{I}\,(\frac{\pi}{2})} = M_{\mathrm{f}\,(\frac{\pi}{2})}\left[1 - 1.36\,\frac{a}{t}\left(\frac{a}{c}\right)^{0.1}\right]\frac{\sigma_{\mathrm{b}}\,\sqrt{\pi a}}{E(k)}$$

$$K_{\mathrm{I}\,(0)} = \left\{M_{\mathrm{f}(0)}\left(1 - 0.3\,\frac{a}{t}\right)\left[1 - \left(\frac{a}{t}\right)^{12}\right] + 0.394 E(k)\left(\frac{a}{t}\right)^{12}\left(\frac{a}{c}\right)^{-\frac{1}{2}}\right\}\frac{\sigma_{\mathrm{b}}\,\sqrt{\pi a}}{E(k)}$$

式中，$M_{\mathrm{f}\,(\frac{\pi}{2})}$、$M_{\mathrm{f}(0)}$为相应的前自由表面修正系数，分别由式(6-11)和式(6-14)给出。当$\dfrac{a}{t} \to 1$时，裂纹长半轴端的应力强度因子为

$$K_{\mathrm{I}\,(0)} = 0.394\sigma_{\mathrm{b}}\,\sqrt{\pi c}$$

Wilson 和 Thompson 根据有限元计算结果，给出了含长 $2c$ 的穿透裂纹板受弯曲载荷作用时裂纹尖端的应力强度因子

$$K_{\mathrm{I}\,(0)} = \frac{1+\nu}{3+\nu}\sigma_{\mathrm{b}}\,\sqrt{\pi c}$$

当泊松比 $\nu = 0.3$ 时，与 Scott 等给出的解是一致的。

考虑到有限宽度的影响，Letunov 给出了如下的应力强度因子表达式：

$$K_{\mathrm{I}\,(\frac{\pi}{2})} = \left(1.12 - 0.07\,\frac{a}{c}\right)\left\{1 - 2\,\frac{a}{t}\left[0.72 - 0.2\left(\frac{\pi}{2} - E(k)\right)\right]\right\}$$

$$\times\left\{0.998 + \left[0.603\left(\frac{a}{c}\right)^{2} - 0.783\,\frac{a}{c} + 0.118\right]\frac{a}{t}\right.$$

$$\left. + \left[0.169\left(\frac{a}{c}\right)^{2} - 0.975\,\frac{a}{c} + 0.95\right]\left(\frac{a}{t}\right)^{2}\right\}f_{\mathrm{w}}\frac{\sigma_{\mathrm{b}}\,\sqrt{\pi a}}{E(k)}$$

$$K_{\mathrm{I}\,(0)} = 1.2\left(1 - 0.34\,\frac{a}{t}\right)\left\{0.99 + \left[0.451\left(\frac{a}{c}\right)^{2} - 0.63\,\frac{a}{c} + 0.542\right]\frac{a}{t}\right.$$

$$\left. + \left[-4.867\left(\frac{a}{c}\right)^{2} + 3.748\,\frac{a}{c} - 0.542\right]\left(\frac{a}{t}\right)^{2}\right\}f_{\mathrm{w}}\frac{\sigma_{\mathrm{b}}\,\sqrt{\pi a}}{E(k)}\sqrt{\frac{a}{t}}$$

式中，有限宽度修正系数 f_{w} 为

$$f_{\mathrm{w}} = \sec\sqrt{\frac{\pi c}{W}\sqrt{\frac{a}{t}}}$$

6.3.2　拉弯组合载荷作用下有限体中的表面裂纹

实际工程构件的承载情况往往是复杂的。当承受拉伸、弯曲载荷组合作用时，垂直于

裂纹面的既有拉伸正应力,又有弯曲正应力。在组合载荷作用下,裂纹面上的正应力通常是线性或近似线性分布的,如图 6.11 所示。

将非线性(近似线性)分布的名义应力做线性近似,再将线性分布的应力视为均匀拉伸和纯弯曲两种情况的叠加,在弹性小变形条件下,根据叠加原理,由拉伸、弯曲载荷作用下表面裂纹的应力强度因子解,通过叠加得到拉弯组合载荷作用下的应力强度因子解。

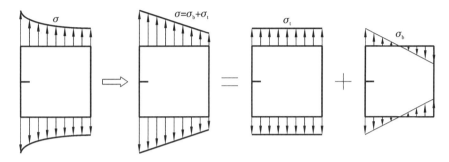

图 6.11　名义应力的线性化及拉弯载荷组合

Kanazawa 利用 Kobayashi 等的计算结果,通过数据拟合给出了由多项式表达的拉弯组合载荷作用下的应力强度因子解:

$$K_{\mathrm{I}\left(\frac{\pi}{2}\right)}=(M_1 M_2 \sigma_{\mathrm{t}}+M_3 \sigma_{\mathrm{b}})\frac{\sqrt{\pi a}}{E(k)} \tag{6-34}$$

$$K_{\mathrm{I}(0)}=1.18 M_1 M_4\left[\sigma_{\mathrm{t}}+\left(1-0.306\frac{a}{t}\right)\sigma_{\mathrm{b}}\right]\frac{\sqrt{\pi a}}{E(k)}\sqrt{\frac{a}{c}} \tag{6-35}$$

式中,σ_{t}、σ_{b} 分别为名义拉伸正应力和名义弯曲正应力,各系数分别可以表示为

$$M_1=1+0.12\left(1-\frac{a}{2c}\right)^2$$

$$M_2=1+0.127\frac{a}{t}-0.079\frac{a}{c}-0.558\left(\frac{a}{t}\right)^2-0.175\frac{a^2}{ct}+0.279\left(\frac{a}{c}\right)^2$$

$$+1.44\left(\frac{a}{t}\right)^3-1.06\left(\frac{a}{t}\right)^2\frac{a}{c}+0.609\frac{a}{t}\left(\frac{a}{c}\right)^2-0.249\left(\frac{a}{c}\right)^3$$

$$M_3=1.183-1.22\frac{a}{t}-0.286\frac{a}{c}+0.867\left(\frac{a}{t}\right)^2-0.00677\frac{a^2}{ct}$$

$$+0.23\left(\frac{a}{c}\right)^2+0.467\left(\frac{a}{t}\right)^3-1.92\left(\frac{a}{t}\right)^2\frac{a}{c}+0.633\frac{a}{t}\left(\frac{a}{c}\right)^2$$

$$-0.182\left(\frac{a}{c}\right)^3$$

$$M_4=0.994-0.0126\frac{a}{t}+0.0701\frac{a}{c}+0.0155\left(\frac{a}{t}\right)^2+0.179\frac{a^2}{ct}$$

$$-0.211\left(\frac{a}{c}\right)^2-0.0839\left(\frac{a}{t}\right)^3+0.231\left(\frac{a}{t}\right)^2\frac{a}{c}-0.3\frac{a}{t}\left(\frac{a}{c}\right)^2$$

$$+0.162\left(\frac{a}{c}\right)^3$$

Newman 和 Raju 将拉弯组合载荷作用下半椭圆表面裂纹周边任一点的应力强度因子表达为

$$K_1 = F_s\left(\frac{a}{c}, \frac{a}{t}, \frac{c}{W}, \phi\right)\frac{(\sigma_t + H\sigma_b)\sqrt{\pi a}}{E(k)} \tag{6-36}$$

式中，角 ϕ 按图 6.5 的定义，几何修正函数 F_s 与式（6-26）给出的半椭圆表面裂纹的应力强度因子解中的几何修正函数 F_s 具有相同的表达式，系数 H 为

$$H = H_1 + (H_2 - H_1)\sin^p\phi$$

其中，

$$p = 0.2 + \frac{a}{c} + 0.6\frac{a}{t}$$

$$H_1 = 1 - 0.34\frac{a}{t} - 0.11\frac{a^2}{ct}$$

$$H_2 = 1 + G_1\frac{a}{t} + G_2\left(\frac{a}{t}\right)^2$$

$$G_1 = -1.22 - 0.12\frac{a}{c}$$

$$G_2 = 0.55 - 1.05\left(\frac{a}{c}\right)^{\frac{3}{4}} + 0.47\left(\frac{a}{c}\right)^{\frac{3}{2}}$$

式（6-36）的适用范围为

$$0 \leqslant \frac{a}{c} \leqslant 1, 0 \leqslant \frac{a}{t} < 1, \frac{c}{W} < 0.5$$

小　结

（1）在疲劳载荷作用下萌生的裂纹大都起源于应力水平高的结构表面，由表面裂纹引起的断裂破坏，是工程实际中最常见的。表面裂纹通常可用半椭圆描述其形状。

（2）在拉伸载荷作用下，无限大体中埋藏椭圆裂纹周边的应力强度因子与角度有关，一般来说，沿短、长半轴裂纹尖端的应力强度因子会取到最大值或最小值。

（3）在拉伸载荷作用下，无限大体中圆盘形埋藏裂纹周围的应力强度因子处处相同。

（4）在拉伸载荷作用下，半无限大体中半椭圆表面裂纹的应力强度因子，可以在无限大体中埋藏椭圆裂纹应力强度因子表达式的基础上，引入前自由表面修正系数修正得到。

（5）通过数值模拟，已经得到了有限体中埋藏椭圆裂纹、半椭圆表面裂纹、四分之一椭圆角裂纹、孔壁半椭圆表面裂纹和孔边四分之一椭圆角裂纹的应力强度因子解。

（6）在弹性小变形条件下，拉弯组合载荷作用下的应力强度因子解，可由拉伸、弯曲载荷作用下表面裂纹的应力强度因子解叠加得到。

思考题与习题

6-1　拉伸载荷作用下,圆盘形裂纹、椭圆裂纹、半椭圆表面裂纹尖端各处的应力强度因子是否相同? 试讨论半椭圆表面裂纹最深处与表面处的应力强度因子的大小。

6-2　在什么条件下,拉弯组合载荷作用下的应力强度因子解可由拉伸、弯曲载荷作用下表面裂纹的应力强度因子解叠加得到? 如何将垂直于裂纹面作用的分布载荷线性化并分解成拉弯两部分?

6-3　某大直径球壳(壁厚 $t=20$ mm)在打压验收试验中发生爆裂,检查发现其内部有 $2a=1.2$ mm,$2c=4$ mm 的埋藏椭圆裂纹。已知材料的屈服应力为 $\sigma_s=1200$ MPa,$K_{IC}=80$ MPa$\sqrt{\text{m}}$;试估计断裂应力 σ_c。

6-4　$W=100$ mm、$t=12$ mm 的板中有一 $a=2$ mm、$c=5$ mm 的半椭圆表面裂纹,受拉伸载荷 $\sigma=600$ MPa 的作用,试求裂纹表面处($\phi=0$)和最深处$\left(\phi=\dfrac{\pi}{2}\right)$的应力强度因子。

6-5　圆筒形容器直径 $D=500$ mm,壁厚 $t=18$ mm,承受 $p=40$ MPa 的内压作用。已知材料性能为 $\sigma_s=1700$ MPa,$K_{IC}=60$ MPa$\sqrt{\text{m}}$。若有一平行于轴线的纵向半椭圆表面裂纹,裂纹深 $a=2$ mm,长 $2c=6$ mm,试计算容器的抗断裂工作安全系数 n_f。

6-6　某高强度钢拉杆承受拉应力作用,接头处有双侧对称孔边角裂纹 $a=1$ mm,$c=2$ mm,孔径 $d=12$ mm,$W=20$ mm,接头耳片厚 $t=10$ mm。若已知材料的断裂韧度 $K_{IC}=120$ MPa$\sqrt{\text{m}}$,试估计工作应力为 $\sigma=700$ MPa 时,拉杆是否发生断裂。

6-7　$W=100$ mm、$t=12$ mm 的板中有一 $a=2$ mm、$c=5$ mm 的半椭圆表面裂纹,受线性分布载荷作用,如图 6.12 所示。试求裂纹最深处$\left(\phi=\dfrac{\pi}{2}\right)$的应力强度因子。

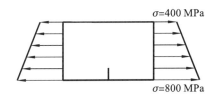
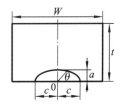

图 6.12　习题 6-7 图

第7章　弹塑性断裂力学

采用线弹性材料模型,依据弹性力学理论,计算含裂纹弹性体内的应力分布,必然得出裂纹尖端应力场存在奇异性的结论,即裂纹尖端附近的应力趋于无穷大。然而,这在物理上显然是不合理的,也与工程实际情况不符。事实上,任何工程材料都存在极限强度(ultimate strength),不可能承受无穷大的应力作用。当材料内部局部区域的应力水平达到或超过屈服极限时,该区域材料必然要进入塑性,发生屈服。可以想象得到,由于裂纹尖端强烈的应力集中,裂纹尖端附近必然会存在一个或大或小的屈服区。因此,为了准确描述裂纹尖端附近的真实应力场,必须应用弹塑性力学理论,开展弹塑性断裂力学(elasto-plastic fracture mechanics)研究。

弹塑性断裂力学的任务是在发生大范围屈服的条件下,确定能定量描述裂纹尖端区域弹塑性应力、应变场强度的力学参量,建立这些参量与裂纹几何、作用载荷等之间的内在联系,并提出适合工程实际应用的弹塑性断裂判据。弹塑性断裂问题属于非线性可动边界问题,非常复杂,因此只有极少数能获得精确的解析解。本章将在一些简化模型及其近似解的基础上介绍Ⅰ型裂纹尖端场解的形式,描述尖端场强度的裂纹尖端张开位移、J积分等参量及其相互联系,以及基于这些参量建立的弹塑性断裂准则。

7.1　裂纹尖端的小范围屈服

7.1.1　裂纹尖端屈服区尺寸

以Ⅰ型裂纹为例,5.3节给出了无穷远处受均匀拉应力作用的无限大中心裂纹板裂纹尖端附近任一点(r,θ)处的正应力σ_x、σ_y和切应力τ_{xy}的线弹性解答。当$r \to 0$时,应力以$r^{-\frac{1}{2}}$的阶次趋于无穷大。对于任何实际的工程材料,在趋于无穷大的应力作用下,必然要发生屈服。

利用线弹性断裂力学分析给出的裂纹尖端应力解,根据适当的塑性屈服准则,可以分析裂纹尖端塑性屈服区的形状与尺寸。有兴趣的读者可在有关断裂力学书籍中找到参考,这里仅简单讨论沿裂纹延长线上屈服区的大小。

由式(5-29)可知,在裂纹延长线上($\theta=0$),注意到$K_{\mathrm{I}}=\sigma\sqrt{\pi a}$,有

$$\sigma_x=\sigma_y=\sigma\sqrt{\frac{a}{2r}}=\frac{K_{\mathrm{I}}}{\sqrt{2\pi r}},\tau_{xy}=0 \tag{7-1}$$

对于平面应力问题,还有 $\sigma_z = \tau_{yz} = \tau_{xz} = 0$。因此,裂纹延长线上任一点的主应力为

$$\sigma_1 = \sigma_2 = \frac{K_{\mathrm{I}}}{\sqrt{2\pi r}}, \sigma_3 = 0$$

利用 Von Mises 屈服准则

$$(\sigma_1 - \sigma_2)^2 + (\sigma_2 - \sigma_3)^2 + (\sigma_3 - \sigma_1)^2 = 2\sigma_{\mathrm{s}}^2$$

可以得到

$$\frac{K_{\mathrm{I}}}{\sqrt{2\pi r_{\mathrm{p}}}} = \sigma_{\mathrm{s}}$$

因此,裂纹尖端塑性屈服区(裂尖塑性区)尺寸为

$$r_{\mathrm{p}} = \frac{1}{2\pi}\left(\frac{K_{\mathrm{I}}}{\sigma_{\mathrm{s}}}\right)^2 \tag{7-2}$$

式中,σ_{s} 为材料在单向拉伸时的屈服应力。

对于平面应变问题,应力分量除了满足式(7-1)外,还有 $\sigma_z = \nu(\sigma_x + \sigma_y)$ 和 $\tau_{yz} = \tau_{xz} = 0$。因此,裂纹延长线上任一点的主应力为

$$\sigma_1 = \sigma_2 = \frac{K_{\mathrm{I}}}{\sqrt{2\pi r}}, \sigma_3 = \frac{2\nu K_{\mathrm{I}}}{\sqrt{2\pi r}}$$

利用 Von Mises 屈服准则,可以得到

$$(1 - 2\nu)\frac{K_{\mathrm{I}}}{\sqrt{2\pi r_{\mathrm{p}}}} = \sigma_{\mathrm{s}}$$

因此,裂纹尖端塑性屈服区尺寸为

$$r_{\mathrm{p}} = \frac{1}{2\pi}\left(\frac{K_{\mathrm{I}}}{\sigma_{\mathrm{s}}}\right)^2 (1 - 2\nu)^2 \tag{7-3}$$

式中,$(1-2\nu)^2$ 通常较小,例如对于金属材料,$\nu \approx 0.3$,$(1-2\nu)^2 \approx 0.16$。这表明由于受到厚度方向的约束,在平面应变情况下的裂尖塑性区比在平面应力情况下的要小得多。

在裂纹延长线上,即当 $\theta = 0$ 时,裂纹尖端附近区域的应力分布和塑性区尺寸如图7.1所示。图中的虚线为线弹性解给出的 σ_y,当 $r \to 0$ 时,$\sigma_y \to \infty$。实际上,靠近裂纹尖端的材料将由于 $\sigma_y \geqslant \sigma_{\mathrm{s}}$ 而进入屈服。假定材料为线弹性理想塑性材料,屈服区内的应力恒为 σ_{s},如图中线段 AB 所示,即塑性区尺寸为 r_{p}。因此,考虑裂纹尖端附近区域发生屈服后,应力分布应由实线 AB 与虚线 BK 表示。更进一步的分析发现,由实线 AB 与虚线 BK 表示的裂纹尖端附近区域应力分布与原线弹性解(即虚线 HK)相比,少了 HB 部分大于 σ_{s} 的应力。因为原线弹性解是满足静力平衡条件的,则考虑屈服后的应力分布也必须使静力平衡条件得到满足,即由于 AB 部分材料屈服而少承担的应力必须转移到附近还能进一步承载应力的弹性区域的材料上,其结果将使更多材料进入屈服。因此,式(7-2)和式(7-3)给出的塑性屈服区尺寸需要修正。

假定线弹性解答在塑性屈服区外仍然适用,修正后的塑性屈服区尺寸为 R,截面之内

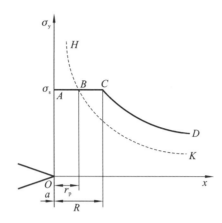

图 7.1　裂纹延长线上裂尖附近应力分布及塑性屈服区尺寸

力等于应力 $\sigma_y(x)$ 与微面积 $t\mathrm{d}x$ 的乘积的积分。令 $t=1$ 为单位厚度，则内力为图 7.1 中实线所示的应力分布曲线下的面积。为满足静力平衡条件，考虑塑性修正后的 $ABCD$ 曲线下的面积应与线弹性解 HBK 曲线下的面积相等。由于已假定线弹性解在塑性屈服区外仍然适用，可知曲线 CD 与 BK 下的面积是相等的，故只需 AC 下的面积等于曲线 HB 下的面积即可，于是得到

$$R\sigma_s = \int_0^{r_p} \sigma_y(x)\mathrm{d}x$$

分别代入式(7-2)和式(7-3)，积分后不难得到裂纹尖端附近的塑性屈服区尺寸。对于平面应力问题，有

$$R = \frac{1}{\pi}\left(\frac{K_\mathrm{I}}{\sigma_s}\right)^2 = 2r_p \tag{7-4}$$

而对于平面应变问题，有

$$R = \frac{1}{\pi}\left(\frac{K_\mathrm{I}}{\sigma_s}\right)^2 (1-2\nu) = \frac{2}{1-2\nu}r_p$$

不过，考虑到平面应变时三轴应力作用的影响，Irwin 给出了如下的塑性屈服区尺寸：

$$R = \frac{1}{2\sqrt{2}\pi}\left(\frac{K_\mathrm{I}}{\sigma_s}\right)^2 \tag{7-5}$$

可见，在平面应变情况下裂纹尖端附近考虑应力松弛后的塑性屈服区尺寸约为在平面应力情况下的三分之一。

7.1.2　应力强度因子修正

对于线弹性理想塑性材料的平面应力情况，考虑材料局部发生屈服后，裂纹尖端附近的应力分布应为图 7.1 中 ACD 曲线。线段 AC 尺寸为 $R=$

$2r_p$，r_p 由式(7-2)确定，垂直于裂纹的应力分量 $\sigma_y =$ σ_s；曲线 CD 与线弹性解 BK 相同，但向右平移了 $BC = r_p$ 的距离。假想裂纹尺寸由 a 增大到 $a + r_p$，则裂纹尖端的线弹性解恰好就是曲线 CD，如图 7.2 所示，$a + r_p$ 称为有效裂纹长度。只要用 $a + r_p$ 代替真实裂纹长度 a，并注意到 $r' = r - r_p$，就可由原来的线弹性断裂力学结果直接给出考虑 Irwin 塑性修正的解答。即有

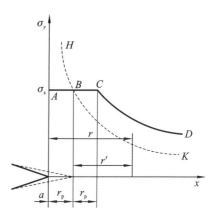

图 7.2　Irwin 塑性修正

$$K_{\mathrm{I}} = \sigma \sqrt{\pi(a + r_p)} \tag{7-6}$$

在裂纹延长线(即 $\theta = 0$)上的应力 σ_y 为

$$\begin{cases} \sigma_y = \sigma_s & (r \leqslant 2r_p) \\ \sigma_y = \dfrac{K_{\mathrm{I}}}{\sqrt{2\pi(r - r_p)}} & (r > 2r_p) \end{cases}$$

对于平面应变情况，式(7-6)也适用，不过此时应根据式(7-5)取

$$r_p = \frac{R}{2} = \frac{1}{4\sqrt{2\pi}} \left(\frac{K_{\mathrm{I}}}{\sigma_s}\right)^2 \tag{7-7}$$

例 7.1　无限宽中心裂纹板，受远场拉应力 σ 作用，试讨论塑性修正对应力强度因子的影响。

解　由线弹性断裂力学给出无限宽中心裂纹板的应力强度因子

$$K_{\mathrm{I}} = \sigma \sqrt{\pi a}$$

考虑塑性修正时，由式(7-6)有

$$K'_{\mathrm{I}} = \sigma \sqrt{\pi(a + r_p)}$$

将式(7-2)或式(7-7)代入上式，得到

$$K'_{\mathrm{I}} = \sigma \sqrt{\pi a} \left[1 + \frac{1}{2\alpha}\left(\frac{\sigma}{\sigma_s}\right)^2\right]^{\frac{1}{2}} = \lambda K_{\mathrm{I}}$$

式中，

$$\lambda = \left[1 + \frac{1}{2\alpha}\left(\frac{\sigma}{\sigma_s}\right)^2\right]^{\frac{1}{2}}$$

注意到 $\lambda > 1$，故考虑塑性修正后应力强度因子增大。对于平面应力情况，$\alpha = 1$；对于平面应变情况，$\alpha = 2\sqrt{2}$。

因此，K'_{I} 与 K_{I} 之间的相对误差为

$$\zeta = \frac{K'_{\mathrm{I}} - K_{\mathrm{I}}}{K_{\mathrm{I}}} = \lambda - 1$$

对于平面应力情况，若 $\dfrac{\sigma}{\sigma_s} = 0.2$，$\zeta = 1\%$；若 $\dfrac{\sigma}{\sigma_s} = 0.5$，$\zeta = 6\%$；当 $\dfrac{\sigma}{\sigma_s} = 0.8$ 时，ζ 达 15%。

对于平面应变情况，二者之间的相对误差要小一些。可见，考虑塑性修正后得到的应力强度因子与线弹性结果之间的差别随 $\dfrac{\sigma}{\sigma_s}$ 的增大而增大。

7.1.3　表面裂纹的应力强度因子修正

根据 6.1 节式(6-5)，半无限大体中半椭圆表面裂纹最深处的应力强度因子为

$$K_{\mathrm{I}} = \frac{M_{\mathrm{f}(\frac{\pi}{2})}\,\sigma\,\sqrt{\pi a}}{E(k)} \tag{7-8}$$

式中，$M_{\mathrm{f}(\frac{\pi}{2})}$ 是前自由表面修正系数，介于半圆形裂纹的 1.03 和单边穿透裂纹的 1.1215 之间，通常取为 1.1；$E(k)$ 是第二类完全椭圆积分。

考虑到裂纹尖端附近材料的屈服，按照 Irwin 的塑性修正，应当用 $a+r_{\mathrm{p}}$ 代替原裂纹尺寸 a，故有

$$K_{\mathrm{I}} = \frac{1.1\sigma\,\sqrt{\pi(a+r_{\mathrm{p}})}}{E(k)} \tag{7-9}$$

无限大体中半椭圆表面裂纹最深处处于平面应变状态，将式(7-5)代入式(7-9)得

$$K_{\mathrm{I}} = \frac{1.1\sigma\,\sqrt{\pi a}}{Q} \tag{7-10}$$

式中

$$Q = \left\{ [E(k)]^2 - 0.214\left(\frac{\sigma}{\sigma_s}\right)^2 \right\}^{\frac{1}{2}}$$

Q 称为形状参数。由此可见，考虑小范围屈服时，表面裂纹的应力强度因子计算只需用形状参数 Q 代替第二类完全椭圆积分 $E(k)$ 即可。工程中，有限体内表面裂纹的应力强度因子计算也可采用上述修正。

为便于计算机计算，利用式(6-24)，可以将形状参数 Q 表示为

$$Q = \left[1 + 1.464\left(\frac{a}{c}\right)^{1.65} - 0.214\left(\frac{\sigma}{\sigma_s}\right)^2 \right]^{\frac{1}{2}}$$

例 7.2　某大尺寸厚板含一表面裂纹，受远场拉应力 σ 作用。材料的屈服应力 $\sigma_s = 600$ MPa，断裂韧度 $K_{\mathrm{IC}} = 50$ MPa $\sqrt{\mathrm{m}}$，试估计：

(1) 作用应力 $\sigma = 500$ MPa 时的临界裂纹尺寸 a_{C}（设 $\dfrac{a}{c} = 0.5$）；

(2) 当 $\dfrac{a}{c} = 0.1$、$a = 5$ mm 时，板的临界断裂应力 σ_{C}。

解　(1)根据式(7-10)有

$$a_{\mathrm{C}} = \frac{Q^2 K_{\mathrm{IC}}^2}{1.21\sigma^2\pi} = 3.47 \text{ mm}$$

（2）断裂临界状态有

$$\sigma_{\mathrm{C}} = \frac{QK_{\mathrm{IC}}}{1.1\sqrt{\pi a}}$$

注意到此时形状参数 Q 是 σ_{C} 的函数，即

$$Q^2 = 1.033 - 0.214\left(\frac{\sigma_{\mathrm{C}}}{600}\right)^2$$

联立上面二式，可以求得

$$\sigma_{\mathrm{C}} = 355 \text{ MPa}$$

一般地说，只要裂尖塑性区尺寸 r_{p} 与裂纹尺寸 a 相比很小 $\left(\dfrac{a}{r_{\mathrm{p}}} = 20\sim50\right)$，即可认为小范围屈服条件是满足的，线弹性断裂力学就可以得到有效的应用。对于一些高强度材料、处于平面应变状态（厚度大）的构件或断裂时的应力远小于屈服应力的情况，小范围屈服条件通常是满足的。

7.2 裂纹尖端张开位移

7.2.1 基本概念

中、低强度材料，屈服应力不高，但一般有较高的断裂韧度，可能在较大的应力作用下都不发生断裂。然而，作用应力越大，裂尖塑性区尺寸将越大。对于理想塑性材料来说，如果应力 σ 大到使裂纹所在截面上的净截面应力 $\sigma_{净} = \dfrac{\sigma W}{W - 2a}$ 达到屈服应力 σ_{s}，则塑性区将扩展至整个截面，造成全面屈服，如图 7.3 所示。

当裂纹尖端存在较大范围屈服时，线弹性断裂力学已经不再适用。此时，随着作用应力的增大，裂尖塑性区增大，裂纹越来越张开。裂纹张开的尺寸可以用裂纹张开位移（crack opening displacement，COD）描述，很明显裂纹张开位移是沿裂纹延长线

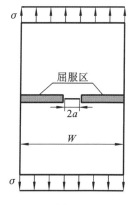

图 7.3 裂纹面全面屈服

的坐标 x 的函数，且与裂纹尺寸 a 成正比。裂纹尖端张开位移（crack tip opening displacement，CTOD）是指在裂纹尖端（即 $x = a$）处的裂纹张开位移，记作 δ，如图 7.4 所示。Wells 认为裂纹尖端张开位移可以表征裂纹尖端区域应力、应变场的综合效应，并可以由此建立适用于大范围屈服的弹塑性断裂判据。

裂纹尖端张开位移既可以通过理论模型进行计算和分析，也可以通过试验测试得到。

7.2.2 Dugdale 模型

根据 Irwin 提出的有效裂纹概念，有效裂纹由实际裂纹和裂尖塑性区的虚拟裂纹构成，即有效裂纹尺寸 $a_{\text{eff}} = a + r_{\text{p}}$。在屈服区外围，有弹性应力作用于屈服区之上，使虚拟裂纹不能扩展。Dugdale 将其处理为两种载荷单独作用的叠加，即受远场应力 σ 作用和在有效裂纹两端虚拟裂纹范围受垂直于裂纹的 $-\sigma_s$ 的压应力作用，如图7.5所示。两种载荷作用叠加后的总体效果，是使裂纹尖端的奇异性消失，因此根据叠加原理，有

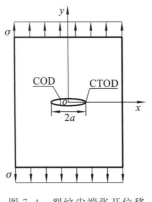

图 7.4 裂纹尖端张开位移   图 7.5 有效裂纹

$$K_{I1} + K_{I2} = 0$$

这里，

$$K_{I1} = \sigma \sqrt{\pi(a + r_{\text{p}})}$$

$$K_{I2} = -2\sigma_s \sqrt{\frac{a + r_{\text{p}}}{\pi}} \sec\left(\frac{a}{a + r_{\text{p}}}\right)$$

由此可以得到屈服区尺寸和在平面应力条件下的裂纹尖端张开位移：

$$r_{\text{p}} = a\left[\sec\left(\frac{\pi\sigma}{2\sigma_s}\right) - 1\right] \tag{7-11}$$

$$\delta = \frac{8\sigma_s a}{\pi E}\ln\left[\sec\left(\frac{\pi\sigma}{2\sigma_s}\right)\right] \tag{7-12}$$

如果作用应力 σ 很小，$\dfrac{\sigma}{\sigma_s} \ll 1$，则可将式(7-12)进行如下简化：

$$\sec\left(\frac{\pi\sigma}{2\sigma_s}\right) = \left[1 - \frac{\pi^2\sigma^2}{8\sigma_s^2}\right]^{-1}$$

$$\ln\left[1 - \frac{\pi^2\sigma^2}{8\sigma_s^2}\right]^{-1} = \ln\left[1 + \left(\frac{\pi^2\sigma^2}{8\sigma_s^2}\right)\right] = \frac{\pi^2\sigma^2}{8\sigma_s^2}$$

因此，对于小范围屈服情况，有

$$r_p = \frac{\pi^2 \sigma^2 a}{8\sigma_s^2} = \frac{\pi K_I^2}{8\sigma_s^2} \tag{7-13}$$

$$\delta = \frac{\sigma^2 \pi a}{\sigma_s E} = \frac{K_I^2}{\sigma_s E} \tag{7-14}$$

将式(7-13)和式(7-2)进行比较,可以发现 Dugdale 模型给出的屈服区尺寸更大。在发生断裂的临界状态下,有 $K_I = K_{IC}$ 或 $\delta = \delta_C$,因此式(7-14)也可以给出在平面应力条件下小范围屈服时 δ_C 与材料断裂韧度 K_{IC} 之间的换算关系。在平面应变情况下,小范围屈服的裂纹尖端张开位移为

$$\delta = \frac{(1-\nu^2) K_I^2}{2\sigma_s E} \tag{7-15}$$

因此,在小范围屈服情况下,断裂判据既可用应力强度因子表达为 $K_I \leqslant K_{IC}$,也可以用裂纹尖端张开位移表达为 $\delta \leqslant \delta_C$。若屈服范围较大,应力强度因子准则和式(7-15)都不再适用。采用裂纹尖端张开位移 δ 作为断裂判据时,δ 必须由式(7-12)给出,而作为描述材料抗断裂能力的参量 δ_C 则需要通过试验测试来确定。

7.2.3 裂纹尖端张开位移的测试

裂纹尖端张开位移的测试可以采用三点弯曲试件或紧凑拉伸试件进行。以三点弯曲试件为例,在试件缺口处粘贴一对刀口,以便安装夹式引伸计,如图 7.6(a)所示。随着载荷 F 的增加,缺口张开位移 V 不断增大,与 K_{IC} 测试一样,可以记录其 F-V 曲线。

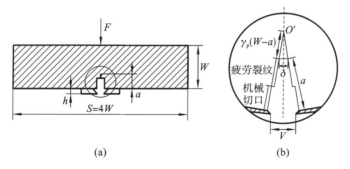

图 7.6 裂纹尖端张开位移测试方案

(a)三点弯曲试件;(b)塑性铰模型

将裂纹尖端张开位移 δ 分为弹性部分 δ_e 和塑性部分 δ_p,即

$$\delta = \delta_e + \delta_p \tag{7-16}$$

弹性部分 δ_e 可由式(7-14)或式(7-15)近似给出。

在裂纹尖端发生较大区域的屈服(甚至全面屈服)以后,试件将在断裂韧带处形成塑

性铰。假设在试件发生开裂之前的变形中，两裂纹面绕塑性铰中心 O' 做刚性转动，如图 7.6(b)所示，O' 到裂纹尖端的距离为 $\gamma_p(W-a)$，γ_p 称为塑性转动因子，则由几何关系可得到裂纹尖端张开位移的塑性部分 δ_p 与缺口张开位移的塑性部分 V_p 间的关系：

$$\delta_p = \frac{\gamma_p(W-a)V_p}{\gamma_p(W-a)+(a+h)} \tag{7-17}$$

式中，h 为刀口厚度。转动因子 γ_p 可以由更精细的试验测得。试验证明，在大范围屈服情况下，γ_p 一般在 $0.3\sim0.5$ 之间，如图 7.7 所示。根据国家标准，对于三点弯曲试件，取 γ_p 为 0.44。

将式(7-15)和式(7-17)代入式(7-16)可得

$$\delta = \frac{(1-\nu^2)K_1^2}{2E\sigma_s} + \frac{\gamma_p(W-a)V_p}{\gamma_p(W-a)+(a+h)} \tag{7-18}$$

式中，K_1 由式(5-52)计算，它是载荷 F 与裂纹长度 a 的函数。

与 K_{IC} 测试类似，通过断口测量可以确定裂纹尺寸；根据记录的 F-V 曲线，借助声发射等监测技术，可以确定失稳断裂发生的临界点 $C(F_C,V_C)$，如图 7.8 所示。过临界点 C 作一与 F-V 曲线线性段斜率相同的直线，其与横轴交点的横坐标就是缺口张开位移的塑性部分 V_{pC}。

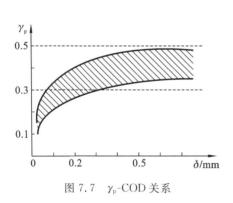

图 7.7　γ_p-COD 关系

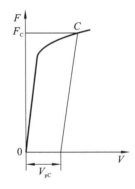

图 7.8　F 和 V 的确定

例 7.3　已知某钢材的力学性能为 $E=210$ GPa，$\nu=0.3$，$\sigma_s=450$ MPa。标准三点弯曲试件尺寸为 $B=25$ mm，$W=50$ mm；刀口厚度 $h=2$ mm，预制裂纹长度 $a=26$ mm。

(1) 若施加载荷 $F=50$ kN，测得 $V_p=0.33$ mm，求此时的 CTOD。

(2) 若在 $F=60$ kN，$V_{pC}=0.56$ mm 时裂纹开始失稳扩展，求材料的临界 CTOD 值 δ_C。

解　(1)对于试验采用的标准三点弯曲试件，有 $S=4W$ 和 $\dfrac{a}{W}=0.52$，根据式(5-52)得到

$$K_1 = 101.6 \text{ MPa}\sqrt{m}$$

根据式(7-15),裂纹尖端张开位移 δ 的弹性部分

$$\delta_e = \frac{(1-\nu^2)K_1^2}{2\sigma_s E} = 0.049 \text{ mm}$$

根据式(7-17),塑性部分

$$\delta_p = \frac{\gamma_p(W-a)V_p}{\gamma_p(W-a)+(a+h)} = 0.090 \text{ mm}$$

因此,CTOD 为

$$\delta = \delta_e + \delta_p = 0.139 \text{ mm}$$

(2) 根据式(5-52),计算得到临界的应力强度因子

$$K_{IC} = 121.5 \text{ MPa}\sqrt{m}$$

临界裂纹尖端张开位移 δ 的弹性部分

$$\delta_{eC} = \frac{(1-\nu^2)K_{1C}^2}{2\delta_s E} = 0.071 \text{ mm}$$

塑性部分

$$\delta_{pC} = \frac{\gamma_p(W-a)V_{pc}}{\gamma_p(W-a)+(a+h)} = 0.153 \text{ mm}$$

因此,材料的临界 CTOD 值为

$$\delta_C = \delta_{eC} + \delta_{pC} = 0.224 \text{ mm}$$

7.3 弹塑性断裂控制设计

一般来说,裂纹尖端张开位移 CTOD 可以视为描述弹塑性断裂的控制参量。与控制低应力脆断的材料参数 K_{IC} 一样,临界 CTOD 值 δ_C 也可作为控制弹塑性断裂是否发生的材料参数。以 CTOD 为控制参量的弹塑性断裂判据可以表示为

$$\delta \leqslant \delta_C \tag{7-19}$$

式中,δ 是给定载荷和几何情况下裂纹尖端张开位移,由分析计算得到,如利用 Dugdale 在平面应力条件下给出的式(7-12)等;δ_C 是材料的临界 CTOD 值,由试验测试确定。

上述判据给出了断裂应力、裂纹尺寸、断裂抗力间的关系,已知其中二者,即可估计另一个参数的可用范围,即进行初步的弹塑性断裂控制设计。

例 7.4 火箭发动机壳体为一直径 $d=500$ mm、壁厚 $t=2.5$ mm 的圆筒,材料的力学性能为 $E=200$ GPa,$\nu=0.3$,$\sigma_s=1200$ MPa,$\delta_C=0.05$ mm。壳体的最大设计内压为 $p=8$ MPa,试计算其可容许的最大缺陷尺寸。

解 根据材料力学知识,在承受内压的薄壁壳体中,最大应力是环向应力,而且有

$$\sigma = \frac{pd}{2t} = 800 \text{ MPa}$$

因此,薄壁壳体中最危险的缺陷是纵向裂纹,其方向垂直于环向应力。

由于壳体直径远大于厚度,可以忽略曲率影响,近似将问题处理为承受环向应力作用的无限大中心裂纹板,且处于平面应力情况。由式(7-12)有

$$\delta = \frac{8\sigma_s a}{\pi E} \ln \left[\sec \left(\frac{\pi \sigma}{2\sigma_s} \right) \right] = 0.0106a$$

根据式(7-19),在临界状态下,有

$$\delta = 0.0106a_C \leqslant \delta_C, a_C \leqslant 4.71 \text{ mm}$$

因此,薄壁壳体可以容许的最大缺陷尺寸 $2a = 9.42$ mm。

讨论:

假设问题为小范围屈服,按照式(7-14)有

$$\delta = \frac{\sigma^2 \pi a}{\sigma_s E}$$

根据式(7-19),有

$$a_C \leqslant \frac{\delta_C \sigma_s E}{\sigma^2 \pi} = 5.97 \text{ mm}$$

因此,可容许的最大缺陷尺寸 $2a = 11.94$ mm。可见,当 $\frac{\sigma}{\sigma_s}$ 较大时,小范围屈服假设将引入较大的误差,且造成偏于危险的估计。

以裂纹尖端张开位移的研究为基础,已经发展了一些用于弹塑性断裂控制和缺陷评估的方法。如英国焊接研究所发展的将 CTOD 同局部应变水平相联系的缺陷评定方法、国家标准《在用含缺陷压力容器安全评定》(GB/T 19624—2004)的 CVDA 安全设计曲线、日本规范 JWES 2805—1983 等等。然而,因为弹塑性断裂问题涉及缺陷的多样性、材料力学性能的多样性、载荷作用的多样性等等,问题十分复杂,仍是需要进一步研究的一个重要方向。

7.4　　J 积分

7.4.1　定义

1968 年,Rice 提出了二维问题的 J 积分,巧妙地通过线积分,利用远处的应力场和位移场来描述裂纹尖端的力学特性。定义如下

$$J = \int_{\Gamma} \left[\omega \mathrm{d}y - \left(T_x \frac{\partial u_x}{\partial x} + T_y \frac{\partial u_y}{\partial x} \right) \mathrm{d}s \right] \tag{7-20}$$

式中,Γ 为围绕裂纹尖端的一条曲线,如图 7.9 所示;T_x、T_y 是作用于积分回路单位长度上的分力,满足

$$\begin{cases} T_x = \sigma_x m + \tau_{xy} n \\ T_y = \tau_{xy} m + \sigma_y n \end{cases} \tag{7-21}$$

式中,m、n 为积分回路外法线单位矢量的分量;ds 为积分弧长;$\omega = \int (\sigma_x d\varepsilon_x + \sigma_y d\varepsilon_y + \tau_{xy} d\gamma_{xy})$ 为应变能密度;u_x、u_y 为位移分量。J 积分在物理上可以理解为变形功的差率。

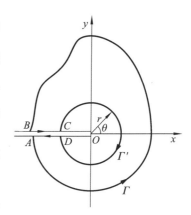

图 7.9 J 积分闭合积分回路

考虑对式(7-20)中的被积函数沿如图 7.9 所示的不包含裂纹尖端的闭合回路 $ABCDA$ 积分,即

$$I = \oint_{ABCDA} \left[\omega dy - \left(T_x \frac{\partial u_x}{\partial x} + T_y \frac{\partial u_y}{\partial x} \right) ds \right] \tag{7-22}$$

根据 Green 公式和式(7-21),有

$$I = \iint_S \left\{ \frac{\partial \omega}{\partial x} - \left[\frac{\partial}{\partial x} \left(\sigma_x \frac{\partial u_x}{\partial x} + \tau_{xy} \frac{\partial u_y}{\partial x} \right) + \frac{\partial}{\partial y} \left(\tau_{xy} \frac{\partial u_x}{\partial x} + \sigma_y \frac{\partial u_y}{\partial x} \right) \right] \right\} dx dy \tag{7-23}$$

式中,S 为闭合积分回路 $ABCDA$ 所包围的面积。

在单调加载条件下,下面的关系可以得到满足:

$$\frac{\partial \omega}{\partial \varepsilon_x} = \sigma_x, \frac{\partial \omega}{\partial \varepsilon_y} = \sigma_y, \frac{\partial \omega}{\partial \gamma_{xy}} = \tau_{xy}$$

结合式(5-2),可以得出

$$\frac{\partial \omega}{\partial x} = \sigma_x \frac{\partial \varepsilon_x}{\partial x} + \sigma_y \frac{\partial \varepsilon_y}{\partial x} + \tau_{xy} \frac{\partial \gamma_{xy}}{\partial x}$$

$$= \sigma_x \frac{\partial^2 u_x}{\partial x^2} + \sigma_y \frac{\partial^2 u_y}{\partial x \partial y} + \tau_{xy} \left(\frac{\partial^2 u_x}{\partial x \partial y} + \frac{\partial^2 u_y}{\partial x^2} \right)$$

再利用式(5-1),得到

$$\frac{\partial \omega}{\partial x} = \frac{\partial}{\partial x} \left(\sigma_x \frac{\partial u_x}{\partial x} + \tau_{xy} \frac{\partial u_y}{\partial x} \right) + \frac{\partial}{\partial y} \left(\tau_{xy} \frac{\partial u_x}{\partial x} + \sigma_y \frac{\partial u_y}{\partial x} \right)$$

可见式(7-22)的被积函数为零,因此 $I = 0$。

另外,注意到在闭合回路 $ABCDA$ 上沿 BC 和 DA 路线有 $dy = 0$ 和 $T_x = T_y = 0$,因此式(7-22)变为

$$I = \int_\Gamma \left[\omega dy - \left(T_x \frac{\partial u_x}{\partial x} + T_y \frac{\partial u_y}{\partial x} \right) ds \right] - \int_{\Gamma'} \left[\omega dy - \left(T_x \frac{\partial u_x}{\partial x} + T_y \frac{\partial u_y}{\partial x} \right) ds \right] = 0$$

由此,可得

$$J = \int_\Gamma \left[\omega dy - \left(T_x \frac{\partial u_x}{\partial x} + T_y \frac{\partial u_y}{\partial x} \right) ds \right] = \int_{\Gamma'} \left[\omega dy - \left(T_x \frac{\partial u_x}{\partial x} + T_y \frac{\partial u_y}{\partial x} \right) ds \right]$$

这表明 J 积分与路径无关。因此,计算时可以避开裂纹尖端的高应力区,而选择远离裂纹尖端的任一积分回路。

必须指出，由于上述推导过程采用了一些假设，因此 J 积分只适合单调加载、小变形和体力为零的二维问题。

7.4.2　线弹性条件下的退化

下面以无穷远处受均匀拉应力作用的无限大中心裂纹板为例，在线弹性条件下，讨论 J 积分与应力强度因子和能量释放率之间的关系。对于平面应力问题，应变能密度可以表示为

$$\omega = \frac{1}{2}(\sigma_x \varepsilon_x + \sigma_y \varepsilon_y + \tau_{xy} \gamma_{xy}) \tag{7-24}$$

将式(5-3)和式(5-29)代入式(7-24)即得

$$\omega = \frac{K_1^2}{2\pi r} \frac{1+\nu}{E} \left(\frac{1-\nu}{1+\nu} + \sin^2 \frac{\theta}{2} \right) \cos^2 \frac{\theta}{2} \tag{7-25}$$

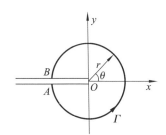

图 7.10　围绕裂纹尖端的圆弧积分路径

由于 J 积分与路径无关，若选以裂纹尖端为圆心、r 为半径、从裂纹下表面一点 A 开始逆时针到上表面一点 B 的圆弧 Γ 作为积分路径，如图 7.10 所示，则式(7-20)右边的第一项为

$$\int_\Gamma \omega \mathrm{d}y = \int_{-\pi}^{\pi} \omega r \cos\theta \mathrm{d}\theta \tag{7-26}$$

将式(7-25)代入式(7-26)得

$$\int_\Gamma \omega \mathrm{d}y = \frac{1-\nu}{4E} K_1^2$$

再将式(5-31)和式(7-21)代入式(7-20)，计算 J 积分的第二项，得

$$\int_\Gamma \left(T_x \frac{\partial u_x}{\partial x} + T_y \frac{\partial u_y}{\partial x} \right) \mathrm{d}s = \int_{-\pi}^{\pi} \left(T_x \frac{\partial u_x}{\partial x} + T_y \frac{\partial u_y}{\partial x} \right) r \mathrm{d}\theta = -\frac{3+\nu}{4E} K_1^2$$

因此，

$$J = \frac{1}{E} K_1^2 = G_1 \tag{7-27}$$

采用类似的推导过程，可以得到平面应变问题的 J 积分

$$J = \frac{1-\nu^2}{E} - K_1^2 = G_1 \tag{7-28}$$

这表明，在线弹性情况下，J 积分与应力强度因子和能量释放率都是等价的，有明确的对应关系。

7.4.3　裂纹尖端的弹塑性场

针对幂硬化材料，Hutchinson、Rice 和 Rosengren 根据弹塑性全量理论证明，在单向

拉伸条件下裂纹尖端的弹塑性应力、应变场也具有奇异性,它们的强度受 J 积分控制。因此,J 积分是描述裂纹尖端的弹塑性应力、应变场的控制参量。

裂纹尖端的弹塑性应力、应变场的渐近表达式为

$$\begin{cases} \sigma_{ij}(r,\theta)=\sigma_0\left(\dfrac{J}{\alpha\sigma_0\varepsilon_0 I_n r}\right)^{\frac{1}{n+1}}\widetilde{\sigma}_{ij}(\theta,n) \\ \varepsilon_{ij}(r,\theta)=\alpha\sigma_0\left(\dfrac{J}{\alpha\sigma_0\varepsilon_0 I_n r}\right)^{\frac{n}{n+1}}\widetilde{\varepsilon}_{ij}(\theta,n) \end{cases} \tag{7-29}$$

式中,σ_0 和 ε_0 分别是材料的屈服应力和屈服应变;n 为材料的应变硬化指数;α 为材料常数;I_n 为与 n 有关的函数(见表 7.1),$\widetilde{\sigma}_{ij}(\theta,n)$ 和 $\widetilde{\varepsilon}_{ij}(\theta,n)$ 是 θ 和 n 的函数。

很明显,裂纹尖端的弹塑性应力、应变场都具有奇异性,应力的阶次为 $r^{-\frac{1}{n+1}}$,应变的阶次为 $r^{-\frac{n}{n+1}}$,称为 HRR 奇异性。当 $n=1$ 时,问题退化到线弹性的情况,应力应变都具有 $r^{-\frac{1}{2}}$ 奇异性。

表 7.1　I_n 与 n 的关系

n		3	5	9	13
I_n	平面应力	3.86	3.41	3.03	2.87
	平面应变	5.51	5.01	4.60	4.40

7.4.4　J 积分与 CTOD 的关系

J 积分和 CTOD 都可以用来描述大范围屈服条件下裂纹尖端的弹塑性应力、应变场特征,作为控制弹塑性断裂的重要参量,二者之间存在着内在的必然联系。不过,由于弹塑性问题的复杂性,要想得到二者之间封闭形式的解不太容易。这里,在 Dugdale 模型一些基本假设的基础上,利用 J 积分与积分路径无关的性质,寻找 J 积分和 CTOD 之间的解析表达式。

在裂纹延长线上,取裂纹尖端附近(塑性区内)三点 A、B 和 C,如图 7.11 所示,作为积分回路计算 J 积分。C、A 分别为裂纹尖端的上、下边界点,B 为屈服区边界点。

$$J=\int_{ABC}\left[\omega\mathrm{d}y-\left(T_x\frac{\partial u_x}{\partial x}+T_y\frac{\partial u_y}{\partial x}\right)\mathrm{d}s\right]$$

在这个积分路径上,有

$$\mathrm{d}y=0,\mathrm{d}s=\mathrm{d}x,T_x=0,T_y=-\sigma_s$$

因此,

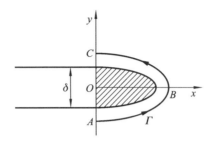

图 7.11　围绕 Dugdale 塑性区的积分路径

$$J = \int\limits_{ABC} \sigma_s \frac{\partial u_y}{\partial x} \mathrm{d}x = 2\sigma_s(u_y|_C - u_y|_B)$$

由于 $u_y|_B = 0$，并且 $u_y|_C = \frac{1}{2}\delta$，可以得到

$$J = \sigma_s \delta$$

大量实验和数值分析结果表明，J 积分和 CTOD 之间存在更一般的关系：

$$J = k\sigma_s\delta \tag{7-30}$$

系数 k 在 1.1~2.0 之间，它的大小由结构几何形状、约束条件和材料硬化特性等决定。

小　　结

（1）线弹性断裂力学给出了裂纹尖端应力趋于无穷大的结论，因此裂纹尖端附近材料必然要发生屈服。Irwin 给出了考虑应力松弛的塑性区尺寸。平面应变情况塑性区尺寸约为平面应力情况的 1/3。

（2）在小范围屈服情况下，线弹性断裂力学仍然适用，不过需要采用经过 Irwin 塑性修正的应力强度因子。

（3）Dugdale 给出了裂纹尖端张开位移（CTOD）与远场作用应力之间的表达式。在小范围屈服情况下，裂纹尖端张开位移与应力强度因子之间有明确的对应关系。

（4）临界 CTOD 值 δ_C 可作为弹塑性断裂是否发生的材料参数。利用以 CTOD 为控制参量的弹塑性断裂判据，可以进行弹塑性断裂控制设计。

（5）J 积分在物理上可以理解为变形功的差率，它通过线积分利用远处的应力场和位移场来描述裂纹尖端的力学特性，与积分路径无关。

（6）在线弹性情况下，J 积分与应力强度因子和能量释放率等价；在弹塑性情况下，其与裂纹尖端张开位移存在确定性的关系。

思考题与习题

7-1 试讨论裂尖塑性区尺寸与应力强度因子 K_I、材料屈服应力 σ_s 之间的关系。

7-2 试讨论承受同样外载荷作用的厚、薄板裂尖塑性区尺寸的大小。

7-3 直径 $D=500$ mm、壁厚 $t=10$ mm 的圆筒形压力容器,设计内压 $p=5.2$ MPa。已知材料性能为 $\sigma_{0.2}=834$ MPa,$\delta_c=0.064$ mm。若有一长 $2a=70$ mm、平行于轴线的穿透裂纹,试按小范围屈服情况估计容器的抗断裂工作安全系数 n_f。

7-4 某大尺寸厚板含有一 $\dfrac{a}{c}=0.2$ 的表面裂纹,受远场拉应力 σ 作用。材料的屈服应力 $\sigma_s=900$ MPa,断裂韧度 $K_{IC}=100$ MPa $\sqrt{m}$,试估计:

(1) 作用应力 $\sigma=600$ MPa 时的最大裂纹尺寸 a_C;

(2) 若 $a=5$ mm,求此表面裂纹厚板的临界断裂应力 σ_C。

7-5 某宽板厚 $t=30$ mm,测得其材料的断裂韧度 $K_{IC}=30$ MPa $\sqrt{m}$,屈服应力 $\sigma_s=620$ MPa;

(1) 若板中有一长 $2a$ 的中心穿透裂纹,试估计宽板承受 $\sigma=150$ MPa 的拉应力作用时,可允许的最大裂纹尺寸 a_C。

(2) 若板中有一深度为 a 的半椭圆表面裂纹,假设 $\dfrac{a}{c}=5$,承受 $\sigma=150$ MPa 的拉应力作用,试估计可以允许的最大裂纹尺寸 a_C。

(3) 若板承受的载荷 $\sigma=600$ MPa(接近屈服应力),考虑塑性修正,再估计在上述两种情况下的缺陷容限尺寸。

7-6 某汽轮发电机转子承受 $\sigma=352$ MPa 的最大拉应力作用,已知材料性能 $K_{IC}=130$ MPa $\sqrt{m}$,$\sigma_s=550$ MPa。若转子有一 $\dfrac{a}{c}=0.25$ 的表面半椭圆裂纹,考虑塑性修正,按抗断裂工作安全系数 $n_f=\dfrac{K_{IC}}{K_I}=4$ 控制,试确定可容许的最大裂纹尺寸。

7-7 J 积分的值在理论上与积分路径无关。如果对靠近裂纹尖端但没有包含裂纹尖端的一闭合曲线做积分,所得的值会是多少?

第8章　疲劳裂纹扩展

材料发生疲劳破坏需要经历从裂纹萌生、裂纹稳定扩展、到裂纹失稳扩展的三个阶段。疲劳总寿命也由这三部分的寿命组成。裂纹萌生寿命是指消耗在小裂纹的形成和早期扩展上的那部分寿命。第2章高周疲劳和第4章低周疲劳讨论的就是裂纹萌生寿命的预测问题。裂纹扩展寿命是指总寿命中裂纹从扩展到破坏的那一部分。完整的疲劳分析,既要研究裂纹的萌生,也要研究裂纹的扩展。在工程中,材料或构件中的缺陷往往是不可避免的。有缺陷怎么办? 能否继续使用? 如果继续使用,还有多少剩余寿命? 对于一些大型的重要结构或构件,往往需要依靠检修来保证安全,如何控制检修? 这些都是需要研究与回答的问题。

断裂力学,尤其是线弹性断裂力学,为研究含缺陷结构的疲劳问题提供了理论基础;计算机技术的迅速发展,为含缺陷结构疲劳问题的研究提供了强有力的计算手段;电火花切割机、电液伺服控制疲劳机、高倍电子显微镜等,为裂纹制备、疲劳裂纹扩展的试验研究和机理观察等提供了可用的手段。这些条件的具备,使含缺陷结构疲劳问题的研究成为可能。

在疲劳载荷作用下,裂纹尖端的应力强度因子一般较低,裂尖塑性区尺寸也不大,可以采用线弹性断裂力学理论进行近似描述。

8.1　疲劳裂纹扩展速率

根据弹塑性断裂力学的知识,裂尖塑性区的尺寸 r_p 如果远小于裂纹尺寸 a,即有 $a \gg r_p$,则线弹性断裂力学是适用的。工程中最常见、最危险的裂纹,是裂纹面与最大主应力方向垂直的张开型裂纹(或称 I 型裂纹)。这里在线弹性断裂力学成立的条件下,讨论 I 型裂纹的疲劳扩展(fatigue crack growth)。为了简便,将 I 型裂纹应力强度因子的下标省去,即所有的 K_I 都用 K 表示。

疲劳裂纹扩展速率 $\dfrac{da}{dN}$(或 $\dfrac{da}{dt}$),是在疲劳载荷作用下,裂纹长度 a 随循环周次 N(或循环载荷作用时间 t)的变化率,反映裂纹扩展的快慢。

8.1.1　疲劳裂纹扩展的控制参量

根据《金属材料 疲劳试验 疲劳裂纹扩展方法》(GB/T 6398—2017),利用尖缺口并带有预制疲劳裂纹的标准试件,如中心裂纹拉伸(center crack tension,CCT)试件或者紧凑拉伸(compact tension,CT)试件,在给定载荷条件下进行恒幅疲劳试验,记录裂纹扩展过程中与载荷循环次数对应的裂纹尺寸的变化,并绘制如图 8.1 所示的裂纹长度-载荷循环次数关系曲线(即 a-N 曲线)。

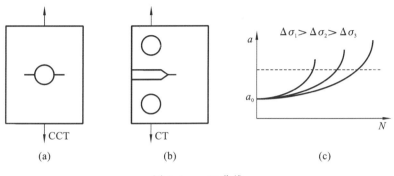

图 8.1　a-N 曲线

图 8.1 给出的是应力比 $R=0$ 时,三种不同恒幅载荷 $\Delta\sigma_1$、$\Delta\sigma_2$ 和 $\Delta\sigma_3$ 作用下的 a-N 曲线。曲线的斜率就是疲劳裂纹扩展速率 $\dfrac{\mathrm{d}a}{\mathrm{d}N}$,它反映裂纹长度随载荷循环次数变化的规律。注意到裂纹尖端应力强度因子 $K=f\sigma\sqrt{\pi a}$,其中 f 是几何修正因子,一般是构件几何与裂纹尺寸的函数,可由应力强度因子手册查得。对于给定的裂纹长度 a,随着循环应力幅 $\dfrac{\Delta\sigma}{2}$ 的增大,应力强度因子范围 $\Delta K=f\Delta\sigma\sqrt{\pi a}$ 增大,曲线斜率 $\dfrac{\mathrm{d}a}{\mathrm{d}N}$ 也增大;对于给定的循环应力幅 $\dfrac{\Delta\sigma}{2}$,随着裂纹长度 a 的增大,ΔK 增大,曲线斜率 $\dfrac{\mathrm{d}a}{\mathrm{d}N}$ 也增大。

很明显,疲劳裂纹扩展速率 $\dfrac{\mathrm{d}a}{\mathrm{d}N}$ 的控制参量是应力强度因子范围 ΔK。除此以外,应力比 R 也是重要的影响因素。

$$\frac{\mathrm{d}a}{\mathrm{d}N}=\phi(\Delta K,R,\cdots)\tag{8-1}$$

式中,应力比 $R=\dfrac{K_{\min}}{K_{\max}}=\dfrac{\sigma_{\min}}{\sigma_{\max}}$。

裂纹只有在张开的情况下才能扩展,而压缩载荷的作用是使裂纹闭合。因此,在应力循环中的负应力部分对裂纹扩展无贡献。考虑到这一点,疲劳裂纹扩展速率的控制参量应力强度因子范围 ΔK 可以定义为

$$\Delta K=\begin{cases}K_{\max}-K_{\min} & R\geqslant0\\ K_{\max} & R<0\end{cases}\tag{8-2}$$

8.1.2　疲劳裂纹扩展速率

由 a-N 曲线中任一裂纹尺寸 a_i 处的斜率,即疲劳裂纹扩展速率

$\left(\dfrac{\mathrm{d}a}{\mathrm{d}N}\right)_i$，以及相应的 $(\Delta K)_i = f\Delta\sigma\sqrt{\pi a_i}$，形成映射关系，可以绘出 $\dfrac{\mathrm{d}a}{\mathrm{d}N}$-$\Delta K$ 曲线。$\dfrac{\mathrm{d}a}{\mathrm{d}N}$-$\Delta K$ 曲线与 S-N 曲线、ε-N 曲线都可以描述材料的疲劳性能，只不过 S-N 曲线、ε-N 曲线所描述的是材料的疲劳裂纹萌生性能，而 $\dfrac{\mathrm{d}a}{\mathrm{d}N}$-$\Delta K$ 曲线描述的是材料的疲劳裂纹扩展性能。值得指出的是：S-N 曲线、ε-N 曲线以 $R = -1$（即对称循环载荷）时的曲线作为基本曲线，而 $\dfrac{\mathrm{d}a}{\mathrm{d}N}$-$\Delta K$ 曲线则以 $R = 0$（即脉冲循环载荷）时的曲线作为基本曲线。

如果在双对数坐标中画出 $\dfrac{\mathrm{d}a}{\mathrm{d}N}$-$\Delta K$ 曲线，则图 8.1 中在相同应力比 R 和不同应力幅下的三条 a-N 曲线，对应在图 8.2 中成为一条曲线。这说明与裂纹长度 a 和循环应力幅 $\dfrac{\Delta\sigma}{2}$ 相比，应力强度因子范围 ΔK 是疲劳裂纹扩展速率更基本的控制参量。

从图 8.2 中可以看出，$\dfrac{\mathrm{d}a}{\mathrm{d}N}$-$\Delta K$ 曲线分为低、中、高速率三个区域。

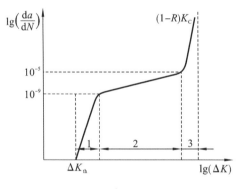

图 8.2　$\dfrac{\mathrm{d}a}{\mathrm{d}N}$-$\Delta K$ 曲线

1 区是低速率区。在该区域内，随着应力强度因子范围 ΔK 的降低，疲劳裂纹扩展速率迅速下降。到某一值 ΔK_{th} 时，疲劳裂纹扩展速率趋近于零 $\left(\dfrac{\mathrm{d}a}{\mathrm{d}N} < 10^{-10}\ \mathrm{m/cycle}\right)$。因此，如果 $\Delta K < \Delta K_{\mathrm{th}}$，可以认为裂纹不发生扩展。$\Delta K_{\mathrm{th}}$ 是反映疲劳裂纹是否扩展的一个重要的材料参数，称为疲劳裂纹扩展应力强度因子范围门槛值，也是 $\dfrac{\mathrm{d}a}{\mathrm{d}N}$-$\Delta K$ 曲线的下限。利用应力强度因子范围门槛值，可以给出控制裂纹不发生扩展的条件：

$$\Delta K \leqslant \Delta K_{\mathrm{th}} \tag{8-3}$$

2 区是中速率区。此时，疲劳裂纹扩展速率一般在 $10^{-9} \sim 10^{-5}$ m/cycle 范围内。大量的试验研究表明，在中速率区内，$\dfrac{\mathrm{d}a}{\mathrm{d}N}$-$\Delta K$ 有良好的对数线性关系。利用这一关系进行疲劳裂纹扩展寿命预测,是疲劳断裂研究的重点。$\dfrac{da}{dN}$-ΔK 之间的对数线性关系可以表达为

$$\frac{da}{dN}=C(\Delta K)^m \tag{8-4}$$

这就是著名的 Paris 公式。C、m 是描述材料疲劳裂纹扩展性能的基本参数,由试验确定,m 常被称为 Paris 指数。

3 区为高速率区。在这一区域内,$\dfrac{da}{dN}$ 大,疲劳裂纹扩展速率快,寿命短,因此其对裂纹扩展寿命的贡献通常可以不考虑。随着疲劳裂纹扩展速率的迅速增大,裂纹尺寸也迅速增大,断裂很快发生。断裂的发生由断裂条件 $K_{\max}=K_C$(即材料的断裂韧度)控制。考虑到 $\Delta K=(1-R)K_{\max}$,因此应力强度因子范围 ΔK 存在一个上限 $\Delta K=(1-R)K_C$。

如果将疲劳裂纹扩展速率从中速率区向高速率区转变的应力强度因子范围记作 $(\Delta K)_t$,则当 $R=0$ 时,$(\Delta K)_t$ 就等于最大循环应力作用下的应力强度因子 $(K_{\max})_t$。试验研究表明,对于韧性金属材料,可用下式估计疲劳裂纹扩展速率从中速率区向高速率区转变时的 $(K_{\max})_t$:

$$(K_{\max})_t=0.00637\sqrt{E\sigma_s} \tag{8-5}$$

8.2 疲劳裂纹扩展寿命预测

在疲劳载荷作用下,裂纹从初始长度 a_0 扩展到临界长度 a_c,所经历的载荷循环次数 N,称为疲劳裂纹扩展寿命。本节将以 Paris 公式为基础,讨论疲劳裂纹扩展寿命的预测和抗疲劳断裂设计方法。

8.2.1 基本公式

要估算疲劳裂纹扩展寿命,必须首先确定在给定载荷作用下,构件发生断裂时的临界裂纹尺寸 a_c。依据线弹性断裂力学基于应力强度因子的断裂判据,即式(5-51),有

$$K_{\max}=f\sigma_{\max}\sqrt{\pi a_c}\leqslant K_C$$

式中,$\sigma_{\max}$ 是最大循环应力;K_C 是材料的断裂韧度;对于无限大中心裂纹板,若板宽 $W\gg a$,则几何修正系数 $f=1$;对于无限大单边裂纹板,若板宽 $W\gg a$,$f=1.1215$。因此,临界裂纹尺寸 a_c 可以通过下式计算:

$$a_C=\frac{1}{\pi}\left(\frac{K_C}{f\sigma_{\max}}\right)^2 \tag{8-6}$$

疲劳裂纹扩展公式可一般地写为

$$\frac{da}{dN}=\phi(\Delta K,R,\cdots)=\chi(f,\Delta\sigma,a,R,\cdots) \tag{8-7}$$

对式(8-7)进行整理，然后两端积分，有

$$N = \int_{a_0}^{a_C} \frac{\mathrm{d}a}{\chi(f, \Delta\sigma, a, R, \cdots)} \tag{8-8}$$

由于几何修正系数 f 通常是裂纹尺寸的函数，上述方程往往需要利用数值积分方法求解。

对于含裂纹的无限大板，几何修正系数 f 为常数，如果疲劳裂纹扩展速率满足 Paris 公式，则有

$$N = \int_{a_0}^{a_C} \frac{\mathrm{d}a}{C(f\Delta\sigma\sqrt{\pi a})^m} \tag{8-9}$$

对于恒幅载荷，可以积分得到

$$N = \begin{cases} \dfrac{1}{C(f\Delta\sigma\sqrt{\pi})^m(0.5m-1)}\left(\dfrac{1}{a_0^{0.5m-1}} - \dfrac{1}{a_C^{0.5m-1}}\right) & m \neq 2 \\ \dfrac{1}{C(f\Delta\sigma\sqrt{\pi})^m}\ln\left(\dfrac{a_C}{a_0}\right) & m = 2 \end{cases} \tag{8-10}$$

8.2.2　抗疲劳断裂设计

式(8-6)和式(8-8)或式(8-10)，是疲劳裂纹扩展寿命预测的基本方程。利用这三个方程，可以根据不同的需要，进行抗疲劳断裂设计。

抗疲劳断裂设计的主要工作可以分为以下三种。

(1) 已知载荷条件 $\Delta\sigma$ 和 R、初始裂纹尺寸 a_0，要求确定临界裂纹尺寸 a_C 和剩余寿命 N。

(2) 已知载荷条件 $\Delta\sigma$ 和 R，给定寿命 N，求临界裂纹尺寸 a_C 和可允许的初始裂纹尺寸 a_0。

(3) 已知初始裂纹尺寸 a_0、临界裂纹尺寸 a_C，并且给定寿命 N，要求确定在使用工况（R 给定）下所允许使用的最大应力 σ_{max}。

例 8.1　某大尺寸钢板有一边裂纹 $a_0 = 0.5$ mm，受到 $R = 0$、$\sigma_{max} = 200$ MPa 的循环载荷作用。已知材料的应力强度因子范围门槛值 $\Delta K_{th} = 5.5$ MPa $\sqrt{\mathrm{m}}$，断裂韧度 $K_C = 104$ MPa $\sqrt{\mathrm{m}}$，疲劳裂纹扩展速率满足 Paris 公式，参数 $C = 6.9 \times 10^{-12}$，$m = 3$。试估算此钢板的寿命。

解　(1) 采用无限大单边裂纹板的应力强度因子解：

$$K = 1.1215\sigma\sqrt{\pi a}$$

(2) 确定应力强度因子范围：

$$\Delta K = 1.1215 \Delta \sigma \sqrt{\pi a} = 1.1215 \sigma_{max} \sqrt{\pi a}$$

注意本题 $R = 0$，因此 $\Delta \sigma = \sigma_{max}$。

（3）判断长度 $a_0 = 0.5$ mm 的初始裂纹在给定应力水平作用下是否扩展。

根据式(8-3)，有

$$\Delta K = 1.1215 \Delta \sigma \sqrt{\pi a} = 8.8897 \text{ MPa} \sqrt{m} > \Delta K_{th}$$

可知，裂纹将扩展。

（4）计算临界裂纹尺寸 a_C。

在本题中 $m = 3$，由式(8-6)，有：

$$a_C = \frac{1}{\pi} \left(\frac{K_C}{f \sigma_{max}} \right)^2 = 0.068 \text{ m} = 68 \text{ mm}$$

（5）估算裂纹扩展寿命 N。

根据式(8-10)，有

$$N = \frac{1}{C(f \Delta \sigma \sqrt{\pi})^m (0.5m-1)} \left(\frac{1}{a_0^{0.5m-1}} - \frac{1}{a_C^{0.5m-1}} \right) = 188600$$

因此，此钢板的剩余寿命为 188600 次循环。

例 8.2　某含中心裂纹的宽板，受循环应力 $\sigma_{max} = 200$ MPa、$\sigma_{min} = 20$ MPa 作用。断裂韧度 $K_C = 104$ MPa $\sqrt{m}$，工作频率为 0.1 Hz。疲劳裂纹扩展速率满足 Paris 公式，参数 $C = 4 \times 10^{-14}$，$m = 4$。为保证安全，每 1000 小时进行一次无损检验。试确定每次检验所能允许的最大裂纹尺寸 a_{max}。

解　（1）采用无限大中心裂纹宽板的应力强度因子解：

$$K = \sigma \sqrt{\pi a}$$

（2）确定应力强度因子范围：

$$\Delta K = \Delta \sigma \sqrt{\pi a} = (\sigma_{max} - \sigma_{min}) \sqrt{\pi a}$$

（3）计算临界裂纹长度 a_C。

在本题中 $m = 4$，由式(8-6)，有

$$a_C = \frac{1}{\pi} \left(\frac{K_C}{\sigma_{max}} \right)^2 = 0.086 \text{ m} = 86 \text{ mm}$$

（4）一个检验周期内（即每 1000 小时）的载荷循环次数：

$$N = 0.1 \times 3600 \times 1000 = 3.6 \times 10^5$$

（5）求每次检验所能允许的最大裂纹尺寸 a_{max}，即要求在下一检验周期到来前（或再经历 1000 小时），裂纹不至于扩展到 a_C。根据式(8-10)，应有

$$N = \frac{1}{C(f \Delta \sigma \sqrt{\pi})^m (0.5m-1)} \left(\frac{1}{a_{max}^{0.5m-1}} - \frac{1}{a_C^{0.5m-1}} \right)$$

求解得

$$a_{\max}=0.0062 \text{ m}=6.2 \text{ mm}$$

这就是每次检验所能允许的最大裂纹尺寸。若检验中发现尺寸大于 6.2 mm 的裂纹,则继续使用是不安全的。如果要继续使用,则要么降低工作应力水平,要么缩短检验周期。

讨论:

假设检验中发现的裂纹尺寸为 10 mm,如果希望不改变检查周期继续使用,则载荷水平应满足:

$$(\Delta\sigma)^m \leqslant \frac{1}{CN(f\sqrt{\pi})^m(0.5m-1)}\left(\frac{1}{a_0^{0.5m-1}}-\frac{1}{a_C^{0.5m-1}}\right)$$

应该注意,应力水平改变后,也会带来临界裂纹尺寸的改变,即

$$a_C=\frac{1}{\pi}\left(\frac{K_C}{\sigma_{\max}}\right)^2=\frac{1}{\pi}\left[\frac{(1-R)K_C}{\Delta\sigma}\right]^2$$

利用数值方法求解上面两式,可以得到

$$\Delta\sigma \leqslant 159 \text{ MPa}$$

相应地,

$$\sigma_{\max}=\frac{\Delta\sigma}{1-R} \leqslant 176 \text{ MPa}$$

如果不希望降低载荷水平使用,就可以采用缩短检验周期的方法。根据式(8-10),应有

$$N \leqslant \frac{1}{C(f\Delta\sigma\sqrt{\pi})^m(0.5m-1)}\left(\frac{1}{a_{\max}^{0.5m-1}}-\frac{1}{a_C^{0.5m-1}}\right)$$

代入 $a_{\max}=10 \text{ mm}$, $a_C=86 \text{ mm}$,可求得

$$N \leqslant 213238$$

因此,检查期周应缩短为

$$T \leqslant \frac{N}{0.1\times3600}=592 \text{ 小时}$$

8.3　关于疲劳裂纹扩展寿命的一些讨论

8.3.1　初始裂纹长度和材料断裂韧度的影响

根据式(8-6),临界裂纹尺寸是由材料断裂韧度决定的,因此评价材料断裂韧度对寿命的影响也就是评价临界裂纹尺寸的影响。为了评价初始裂纹长度和材料断裂韧度对裂纹扩展寿命的影响,在例 8.1 中,假定初始裂纹长度 a_0 分别为 0.5、1.5、2.5 mm,材料断裂韧度 K_C 分别为 52、104、208 MPa$\sqrt{\text{m}}$,按上述方法可以计算得到疲劳裂纹扩展寿命 N,如表 8.1 所示。

表 8.1 初始裂纹长度和材料断裂韧度对寿命的影响

a_0/mm	K_C/MPa $\sqrt{m}$	a_C/mm	N/千周	％
0.5	104	68	189.5	100
1.5	104	68	101.9	53.8
2.5	104	68	74.9	39.5
0.5	208	272	198.4	105
0.5	52	17	171.7	90.6

比较表中第二至第四行的结果可以看出,如果保持材料的断裂韧度 K_C 不变,初始裂纹长度 a_0 从 0.5 mm 增至 1.5 mm,疲劳裂纹扩展寿命 N 几乎降低了一半。而当 a_0 从 0.5 mm 增至 2.5 mm 时,疲劳裂纹扩展寿命 N 降低了超过 60％。

比较表中第二行和第五行的结果可以看出,如果保持初始裂纹长度 a_0 不变,材料的断裂韧度 K_C 增大一倍,则临界裂纹长度 a_C 增大四倍,而疲劳裂纹扩展寿命 N 只增长约 5％。比较表中第二行和第六行的结果又可以发现,如果材料的断裂韧度 K_C 降低一半,则临界裂纹长度 a_C 降至原值的四分之一,但疲劳裂纹扩展寿命 N 只降低不到 10％。

由此可见,在对裂纹扩展寿命的影响上,初始裂纹尺寸比材料断裂韧度明显要大很多。因此,严格控制构件中的初始裂纹尺寸,对于提高疲劳裂纹扩展寿命是十分重要的。材料断裂韧度的改变,尽管将给临界裂纹长度带来极大的改变,但对疲劳裂纹扩展寿命的影响不大。不过,为了保证裂纹在发展到临界裂纹长度之前,有足够的时间检测,必须要求结构件使用的材料具有较高的断裂韧度。

对于断裂韧度很低的高强脆性材料,裂纹扩展阶段的寿命很短,因此可以只考虑裂纹萌生寿命。

8.3.2 应力水平与裂纹扩展寿命的关系

假设尺寸为 a_0 的初始裂纹,在恒幅应力 $\sigma_a = \dfrac{\Delta\sigma}{2}$ 的作用下,扩展到临界断裂尺寸 a_C。如果疲劳裂纹扩展速率满足 Paris 公式,则根据式(8-9)有

$$N(\Delta\sigma)^m = \int_{a_0}^{a_C} \frac{\mathrm{d}a}{C(f\sqrt{\pi a})^m} = 常数 \tag{8-11}$$

这表明在裂纹扩展阶段,如果疲劳裂纹扩展速率满足 Paris 公式,则应力与寿命之间也存在对数线性关系,满足 Basquin 公式。

8.3.3 Miner 理论在裂纹扩展阶段的适用性

假设尺寸为 a_0 的初始裂纹,在应力水平 $\Delta\sigma_1$、$\Delta\sigma_2$ 和 $\Delta\sigma_3$ 作用下分别经历了 n_1、n_2 和 n_3 次循环后扩展到临界断裂尺寸 a_C。在应力水平 $\Delta\sigma_1$ 作用下经历 n_1 次循环后,裂纹尺寸从 a_0 扩展到 a_1,则根据式(8-9)必定有

$$n_1 = \int_{a_0}^{a_1} \frac{\mathrm{d}a}{C\left(f\Delta\sigma_1 \sqrt{\pi a}\right)^m}$$

整理后得

$$n_1\left(\Delta\sigma_1\right)^m = \int_{a_0}^{a_1} \frac{\mathrm{d}a}{C\left(f \sqrt{\pi a}\right)^m}$$

类似地，在应力水平 $\Delta\sigma_2$ 作用下经历 n_2 次循环后，裂纹尺寸从 a_1 扩展到 a_2，必定有

$$n_2\left(\Delta\sigma_2\right)^m = \int_{a_1}^{a_2} \frac{\mathrm{d}a}{C\left(f \sqrt{\pi a}\right)^m}$$

在应力水平 $\Delta\sigma_3$ 作用下经历 n_3 次循环后，裂纹尺寸从 a_2 扩展到 a_C，必定有

$$n_3\left(\Delta\sigma_3\right)^m = \int_{a_2}^{a_C} \frac{\mathrm{d}a}{C\left(f \sqrt{\pi a}\right)^m}$$

如果在应力水平 $\Delta\sigma_1$、$\Delta\sigma_2$ 和 $\Delta\sigma_3$ 的单独作用下，裂纹从初始尺寸 a_0 扩展到临界尺寸 a_C，则根据式(8-11)的应力-寿命关系分别有

$$N_1\left(\Delta\sigma_1\right)^m = \int_{a_0}^{a_C} \frac{\mathrm{d}a}{C\left(f \sqrt{\pi a}\right)^m}$$

$$N_2\left(\Delta\sigma_2\right)^m = \int_{a_0}^{a_C} \frac{\mathrm{d}a}{C\left(f \sqrt{\pi a}\right)^m}$$

$$N_3\left(\Delta\sigma_3\right)^m = \int_{a_0}^{a_C} \frac{\mathrm{d}a}{C\left(f \sqrt{\pi a}\right)^m}$$

根据 2.5 节对损伤的定义，在三种应力水平 $\Delta\sigma_1$、$\Delta\sigma_2$ 和 $\Delta\sigma_3$ 作用下，分别经历 n_1、n_2 和 n_3 次循环后，总的损伤为

$$D = \frac{n_1}{N_1} + \frac{n_2}{N_2} + \frac{n_3}{N_3}$$

$$= \frac{1}{\int_{a_0}^{a_C} \frac{\mathrm{d}a}{C\left(f \sqrt{\pi a}\right)^m}} \left[\int_{a_0}^{a_1} \frac{\mathrm{d}a}{C\left(f \sqrt{\pi a}\right)^m} + \int_{a_1}^{a_2} \frac{\mathrm{d}a}{C\left(f \sqrt{\pi a}\right)^m} + \int_{a_2}^{a_C} \frac{\mathrm{d}a}{C\left(f \sqrt{\pi a}\right)^m}\right]$$

$$= 1$$

可见，如果疲劳裂纹扩展速率满足 Paris 公式，则 Palmgren-Miner 理论在裂纹扩展阶段也是适用的。

例 8.3 假设某大尺寸边裂纹板，$a_0 = 0.5$ mm，$a_C = 30$ mm，每年经受的载荷谱如表 8.2 所列，疲劳裂纹扩展速率可以用 Paris 公式描述，参数 $C = 6.9 \times 10^{-12}$，$m = 3$。试利用

Palmgren-Miner 理论估算此板的寿命。

解   根据式(8-10)

$$N_i = \frac{1}{C(f\Delta\sigma_i\sqrt{\pi})^m(0.5m-1)}\left(\frac{1}{a_0^{0.5m-1}} - \frac{1}{a_C^{0.5m-1}}\right)$$

可以估算在各级载荷 $\Delta\sigma_i$ 下的裂纹扩展寿命 N_i,并列于表 8.2 第三列。然后计算各级载荷下的损伤 $D_i = \frac{n_i}{N_i}$,并列于表 8.2 中第四列。

设板的裂纹扩展寿命为 λ 年,则根据 Palmgren-Miner 理论有

$$\lambda\sum_{i=1}^{4} D_i = 1$$

得到

$$\lambda = 2.6$$

表 8.2 载荷谱中的各级载荷及其对应的寿命和损伤

$\Delta\sigma_i/\mathrm{MPa}$	$n_i/10^3$	$N_i/10^3$	D_i
150	30	426.6	0.0703
200	20	180.0	0.1111
250	10	92.1	0.1086
300	5	53.3	0.0938

8.4   应力比和加载频率对疲劳裂纹扩展的影响

大量试验研究已经证明,对于给定的材料,在加载条件(包括应力比、频率等)和试验环境相同的情况下,采用不同形状、尺寸的试件所得到的疲劳裂纹扩展速率基本上是相同的。图 8.3 是采用三种不同形状试件测试获得的某碳钢在应力比 $R = 0.05$ 的载荷作用下疲劳裂纹扩展速率的试验结果。可以看出,不同试件的 $\frac{da}{dN}$-ΔK 曲线基本上是相同的。也正因为如此,$\frac{da}{dN}$-ΔK 曲线才能用来表征材料疲劳裂纹扩展的基本性能,并用于估算构件的疲劳裂纹扩展寿命。

如前所述,应力强度因子范围 ΔK 是控制疲劳裂纹扩展速率 $\frac{da}{dN}$ 的最主要因素。与 ΔK 相比,

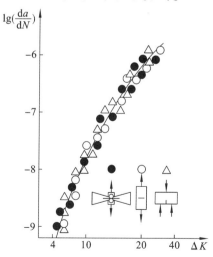

图 8.3 不同试件测得的 $\frac{da}{dN}$-ΔK 曲线

尽管循环应力比 R 或者平均应力 σ_m、加载频率与波形、环境等因素的影响是较次要的，但有时也不可忽略。

8.4.1 应力比的影响

如前所述，当给定循环载荷的应力幅时，应力比和平均应力之间就满足一一对应的正向关系。应力比增大，平均应力也增大。因此，讨论应力比的影响也就是讨论平均应力的影响。

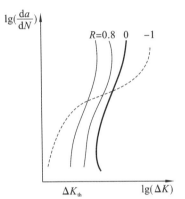

图 8.4 应力比的影响

以 $R=0$ 的 $\dfrac{\mathrm{d}a}{\mathrm{d}N}$-$\Delta K$ 曲线为基本疲劳裂纹扩展速率曲线。当 R 改变时，$\dfrac{\mathrm{d}a}{\mathrm{d}N}$-$\Delta K$ 曲线一般有如图 8.4 所示的变化趋势。由于压应力对裂纹扩展没有贡献，一般来说以 $R=0$ 作为分界，疲劳裂纹扩展速率曲线随 R 的变化规律，在 $R>0$ 和 $R<0$ 的区间显著不同。因此，下面分别讨论。

1) $R>0$ 的情况

当应力比 $R>0$ 时，应力循环中最小应力 $\sigma_{\min}>0$。当应力幅 σ_a 给定时，随着应力比 R 的增大，循环中最大应力 $\sigma_{\max}$ 和最小应力 $\sigma_{\min}$ 都会增大。在低速率、中速率和高速率三个区域内，疲劳裂纹扩展速率 $\dfrac{\mathrm{d}a}{\mathrm{d}N}$ 都增大。因此，在图 8.4 中 $\dfrac{\mathrm{d}a}{\mathrm{d}N}$-$\Delta K$ 曲线表现为整体向左移动。

在中速率区，不同应力比的 $\dfrac{\mathrm{d}a}{\mathrm{d}N}$-$\Delta K$ 曲线几乎是平行的。考虑应力比的影响，人们提出了许多基于 Paris 公式的修正模型。其中，最著名的是 Forman 公式：

$$\frac{\mathrm{d}a}{\mathrm{d}N}=\frac{C(\Delta K)^m}{(1-R)K_c-\Delta K} \tag{8-12}$$

注意到 $\Delta K=(1-R)K_{\max}$，如果 $K_{\max}$ 趋近于 K_c，则式（8-12）右边的分母将趋近于零，疲劳裂纹扩展速率 $\dfrac{\mathrm{d}a}{\mathrm{d}N}$ 就会趋近于无穷大，此时裂纹将发生快速的失稳扩展。

很明显，随着应力比 R 的增大，高速率区的上限 $(1-R)K_c$ 将降低。

如果考虑应力强度因子范围门槛值 ΔK_{th} 的影响，疲劳裂纹扩展速率公式还可以进一步修正为

$$\frac{\mathrm{d}a}{\mathrm{d}N}=\frac{C\left[(\Delta K)^m-(\Delta K_{th})^m\right]}{(1-R)K_c-\Delta K} \tag{8-13}$$

当 $\Delta K\to\Delta K_{th}$ 时，疲劳裂纹扩展速率 $\dfrac{\mathrm{d}a}{\mathrm{d}N}\to0$，此时裂纹将不再扩展。

试验研究表明，随着应力比 R 增大，应力强度因子范围门槛值 ΔK_{th} 将降低。图 8.5 给出了几种钢材的应力强度因子范围门槛值 ΔK_{th} 随应力比 R 改变的试验结果。根据这些试验结果，可以给出应力强度因子范围门槛值 ΔK_{th} 与应力比 R 之间的经验关系：

$$\Delta K_{th} = \Delta K_{th}^0 (1 - \beta R)^\alpha \tag{8-14}$$

式中，ΔK_{th}^0 是 $R=0$ 时的应力强度因子范围门槛值，称为基本应力强度因子范围门槛值。α、β 是由试验确定的参数。对于图 8.5 中所示的钢材，应力强度因子范围门槛值 ΔK_{th} 可以估计为

$$\Delta K_{th} = 7.03(1 - 0.85R) \tag{8-15}$$

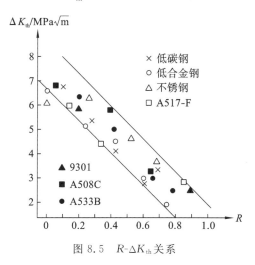

图 8.5　R-ΔK_{th} 关系

2) $R < 0$ 的情况

当应力比 $R < 0$ 时，循环载荷中包括压应力部分。考虑到压应力对裂纹扩展没有贡献，为了便于统一分析和比较，根据式(8-2)计算应力强度因子范围 ΔK 时只考虑拉应力部分。这是因为：在理论分析上并没有定义压缩载荷作用下的应力强度因子；从物理概念上说，在压缩载荷下裂纹面是闭合的；在完全压缩的循环载荷作用下，若裂尖没有残余拉应力场存在，则裂纹不会扩展。

不过，从试验结果来看，情况就显得比较复杂。从图 8.4 中可以看出，与 $R=0$ 的情况相比，压应力的存在使得疲劳裂纹扩展速率 $\dfrac{da}{dN}$ 在低速率区加快，在中速率区影响不大，但是在高速率区，由于上限 $(1-R)K_C$ 随着 R 减小而增大，疲劳裂纹扩展速率 $\dfrac{da}{dN}$ 反而有减缓的趋势。可见，在不同的疲劳裂纹扩展速率区域内，压应力的存在对疲劳裂纹扩展速率 $\dfrac{da}{dN}$ 的影响是不同的。

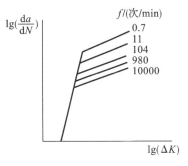

图 8.6　频率的影响

8.4.2　加载频率的影响

图 8.6 是 30 万千瓦汽轮机高压转子钢材 30Cr2WMoV 钢在不同加载频率作用下的疲劳裂纹扩展速率的试验结果。从图中可以看出以下几点。

（1）在低速区，加载频率的变化对疲劳裂纹扩展速率 $\dfrac{da}{dN}$ 基本无影响。许多其他试验研究结果也证明了这一点。可以预料，只要频率不低到出现环境影响，不高到使裂纹尖端有显著发热，这种频率无关性都将保持。

（2）在中速率区，加载频率越低，疲劳裂纹扩展速率 $\dfrac{da}{dN}$ 越大。

（3）在疲劳裂纹扩展速率 $\dfrac{da}{dN}$ 受加载频率影响的范围内，双对数坐标图中的 $\dfrac{da}{dN}$-ΔK 曲线基本平行。

为了考虑频率影响，可以将 Paris 公式中的参数 C 设为对数频率的线性函数，即引入

$$C = A - B\lg f \tag{8-16}$$

式中，f 为载荷频率；A 和 B 为频率影响参数。由此考虑频率影响的疲劳裂纹扩展速率公式可以表示为

$$\frac{da}{dN} = (A - B\lg f)(\Delta K)^m \tag{8-17}$$

一般地说，频率对疲劳裂纹扩展速率的影响比应力比的影响要小得多。在室温和无腐蚀环境中，频率在 0.1～100 Hz 量级变化时对疲劳裂纹扩展速率的影响几乎可以不予考虑。除此以外，应力循环波形（如正弦波、三角波、矩形波等）的影响是更次要的因素。但是，在高温或腐蚀环境下，频率及波形对疲劳裂纹扩展速率的影响显著增大，因而是不容忽视的。

8.5　腐蚀疲劳

材料或结构在腐蚀介质与循环载荷共同作用下发生的疲劳，称为腐蚀疲劳。在这个过程中，腐蚀介质引起的腐蚀破坏过程和扰动应力引起的疲劳破坏过程交织在一起，形成耦合，其效果比其中任何一种单独作用时更为严重。这主要是因为材料或结构在扰动应力下由裂纹扩展产生的新鲜裂纹面不断地暴露于腐蚀介质中，加速了腐蚀进程；而反过来，不断发生的腐蚀过程也使疲劳裂纹得以更快

形成和扩展。

在腐蚀介质环境中,疲劳裂纹扩展速率总是比在惰性介质环境(如真空、干氩或空气介质环境)中高,有时甚至高几个数量级。而且一般来说,液体腐蚀环境对疲劳裂纹扩展的影响比气体腐蚀环境更严重。

8.5.1 应力腐蚀开裂

材料或结构在腐蚀介质中,即使只有静载荷作用,且裂纹尖端的应力强度因子远低于临界断裂韧度值,也可能在一定时间后发生裂纹的扩展。这种行为称为应力腐蚀开裂(stress corrosion cracking)。

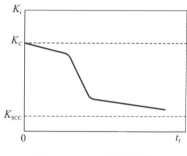

图 8.7　K_i-t_f 关系曲线

将带有预裂纹的试件加载到应力强度因子 K_i,注意 $K_i < K_c$,然后置于腐蚀介质中,观察试件的情况。如果材料对该腐蚀介质敏感,则经过一定时间后裂纹将会发生扩展。记录试件在腐蚀介质中开始发生裂纹扩展的时间 t_f。经过多次这样的试验以后,就可以画出如图 8.7 所示 K_i-t_f 关系曲线。

从图中可以看出:

(1) 在腐蚀介质作用下,裂纹可以在应力强度因子 $K_i < K_c$ 的情况下发生扩展;

(2) 作用在试件上的初始应力强度因子 K_i 越低,发生裂纹扩展的时间 t_f 就越长;

(3) 当应力强度因子 K_i 趋于某一极限值时,发生裂纹扩展的时间 t_f 趋于无穷大。把这一极限值称为应力腐蚀开裂的应力强度因子门槛值,记作 K_{SCC}。考虑到试验时间不可能无限长,因此通常需要规定一个试验截止时间(一般为 1000 h),然后由 K_i-t_f 曲线估计 K_{SCC}。如果满足条件 $K_i < K_{SCC}$,则试件将永远不会发生应力腐蚀开裂。因此,K_{SCC} 是一个与腐蚀介质有关的材料性能指标,它反映材料抵抗应力腐蚀开裂的能力。

8.5.2 腐蚀疲劳裂纹扩展速率

在腐蚀介质环境中,疲劳裂纹的扩展速率称为腐蚀疲劳裂纹扩展速率,记作 $\left(\dfrac{da}{dN}\right)_{cf}$。

大量试验研究结果表明,腐蚀疲劳裂纹扩展速率 $\left(\dfrac{da}{dN}\right)_{cf}$ 与应力强度因子范围 ΔK 的关系可以分为三类,如图 8.8 所示。

(1) A 类。$\left(\dfrac{da}{dN}\right)_{cf}$-$\Delta K$ 曲线大致与非腐蚀环境下的 $\dfrac{da}{dN}$-ΔK 曲线平行。这种情况表明,腐蚀介质的作用使疲劳裂纹扩展速率普遍加快;腐蚀疲劳的应力强度因子范围门槛值 $(\Delta K_{th})_{cf}$ 与无腐蚀时的应力强度因子范围门槛值 ΔK_{th} 相比,要低很多。铝合金在淡水中

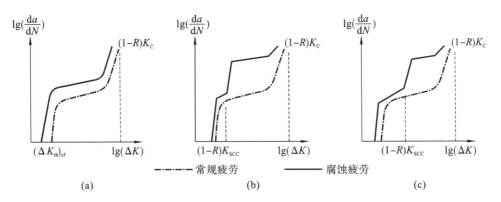

图 8.8　腐蚀疲劳裂纹扩展速率曲线分类

(a)A 类;(b)B 类;(c)C 类

的疲劳裂纹扩展即属此类。

（2）B 类。注意到 $\Delta K=(1-R)K_{max}$，从图 8.8 可以看出，当 $K_{max}<K_{SCC}$ 时，腐蚀介质对疲劳裂纹扩展速率几乎没有什么影响，只有单纯的疲劳作用。 如果 $K_{max}>K_{SCC}$，则腐蚀作用会迅速表现出来，从而大大促进疲劳裂纹的扩展。随后，$\left(\dfrac{da}{dN}\right)_{cf}$-$\Delta K$ 曲线出现一个平台，在这里疲劳裂纹扩展速率变化不大，腐蚀的化学、电化学作用成为裂纹扩展的主因。如马氏体镍钢在干氢中的疲劳裂纹扩展即属此类。

（3）C 类。它是 A、B 两类的混合型。在这种情况下，即使 $K_{max}<K_{SCC}$，腐蚀介质对疲劳裂纹扩展也有不利的影响。如高强钢在盐溶液中的疲劳裂纹扩展即是如此。

值得注意的是，加载频率对腐蚀介质中的疲劳裂纹扩展有不可忽视的影响。加载频率越低，越有充分的时间使腐蚀介质发挥作用，因此腐蚀疲劳裂纹扩展速率会越快。

小　结

（1）疲劳裂纹扩展一般可采用线弹性断裂力学理论分析。应力强度因子计算公式：

$$K=f\sigma\sqrt{\pi a}$$

对于无限大中心裂纹板：$f=1$;对于无限大单边裂纹板：$f=1.1215$。

（2）疲劳裂纹扩展速率的主要控制参量是 ΔK，下限为 ΔK_{th}，上限为 $(1-R)K_C$。

$$\Delta K\begin{cases}K_{max}-K_{min} & R\geqslant0\\ K_{max} & R<0\end{cases}$$

裂纹不扩展条件：　　　　　　　　　$\Delta K<\Delta K_{th}$

临界裂纹尺寸：

$$a_{\mathrm{C}} = \frac{1}{\pi} \left(\frac{K_{\mathrm{C}}}{f \sigma_{\max}} \right)^2$$

（3）Paris 公式：

$$\frac{\mathrm{d}a}{\mathrm{d}N} = C (\Delta K)^m$$

在恒幅载荷作用下，积分可以得到寿命表达式：

$$N = \begin{cases} \dfrac{1}{C (f \Delta \sigma \sqrt{\pi})^m (0.5m - 1)} \left(\dfrac{1}{a_0^{0.5m-1}} - \dfrac{1}{a_{\mathrm{C}}^{0.5m-1}} \right) & m \neq 2 \\[4mm] \dfrac{1}{C (f \Delta \sigma \sqrt{\pi})^m} \ln \left(\dfrac{a_{\mathrm{C}}}{a_0} \right) & m = 2 \end{cases}$$

（4）初始裂纹尺寸 a_0 对疲劳裂纹扩展寿命有很大的影响，因此工程上必须控制初始裂纹尺寸 a_0。

（5）拉伸平均应力会使疲劳裂纹扩展速率 $\dfrac{\mathrm{d}a}{\mathrm{d}N}$ 增大；腐蚀环境下疲劳裂纹扩展速率 $\dfrac{\mathrm{d}a}{\mathrm{d}N}$ 也会增高；在高温、腐蚀环境下，加载频率的影响会增大，如果频率降低，则 $\dfrac{\mathrm{d}a}{\mathrm{d}N}$ 加快。

思考题与习题

8-1　疲劳裂纹扩展有什么一般规律？

8-2　某中心裂纹铝承受 $R = -1$，$\sigma_{\max} = 200$ MPa 的循环载荷作用，在试验室空气环境下，获得如表 8.3 所示的疲劳裂纹扩展数据。

表 8.3　习题 8-2 表

a/mm	2.23	2.25	2.28	2.35	2.41	2.49	2.62	2.96	3.58	4.59	5.08	5.56
$N/10^3$	80	105	110	115	125	130	135	140	145	147	147.4	147.5

（a）画出 a-N 曲线。

（b）在 $\lg\left(\dfrac{\mathrm{d}a}{\mathrm{d}N}\right)$-$\lg(\Delta K)$ 坐标图上描点，并根据疲劳裂纹扩展速率划分三个分区。

（c）对图中的线性部分，采用 Paris 公式描述，并确定参数 C 和 m。

8-3　某宽板含中心裂纹 $2a_0$，受 $R = 0$ 的循环载荷作用，$K_{\mathrm{C}} = 120$ MPa $\sqrt{\mathrm{m}}$，疲劳裂纹扩展速率满足 $\dfrac{\mathrm{d}a}{\mathrm{d}N} = 2 \times 10^{-12} (\Delta K)^3$ m/cycle。

（a）对 a_0 为 0.5 mm 和 2 mm 的两种情况，计算 σ_{max} 分别为 100、200、300 MPa 时的寿命。

（b）画出此裂纹板在 a_0 为 0.5 mm 时的 S-N 曲线。

8-4　某构件含一边裂纹，受 $\sigma_{max}=200$ MPa、$\sigma_{min}=20$ MPa 的循环应力作用，已知材料断裂韧度 $K_C=150$ MPa $\sqrt{m}$，构件的工作频率为 0.1 Hz。为保证安全，每 1000 h 进行一次无损检验，试确定检验时所能允许的最大裂纹尺寸 a_{max}（疲劳裂纹扩展速率满足 $\dfrac{da}{dN}=4\times10^{-14}(\Delta K)^4$ m/cycle）。

8-5　某中心裂纹宽板承受循环载荷作用，应力比 $R=0$。已知材料断裂韧度 $K_C=100$ MPa $\sqrt{m}$，应力强度因子范围门槛值 $\Delta K_{th}=6$ MPa $\sqrt{m}$，疲劳裂纹扩展速率满足 $\dfrac{da}{dN}=2\times10^{-12}(\Delta K)^3$ m/cycle，假定初始裂纹尺寸 a_0 为 0.5 mm，试估算：

（a）裂纹不扩展时的最大应力 σ_{max}；

（b）寿命为 $N=0.5\times10^6$ 次时所能允许的最大循环应力 σ_{max}。

8-6　由无损检验得知某宽板内存在一长 a_0 为 3 mm 的初始边裂纹。依据材料的断裂韧度，判定其断裂时的临界裂纹长度 a_C 为 8 mm。在给定使用循环载荷下，计算可知疲劳裂纹扩展寿命为 N_1。假设材料的 Paris 指数 m 为 3，试估计：

（a）如果通过提高材料的断裂韧度，使 a_C 为 10 mm，那么疲劳裂纹扩展寿命会增长多少（以百分比表示）？

（b）如果减小初始裂纹尺寸，使 a_0 为 1 mm，那么疲劳裂纹扩展寿命又会增长多少（以百分比表示）？

8-7　航空发动机燃气涡轮盘由高强材料制成，其内部缺陷可用一圆盘形裂纹描述，初始尺寸 a_0 为 0.1 mm，临界裂纹尺寸 a_C 为 2 mm。已知疲劳裂纹扩展速率 $\dfrac{da}{dN}$（m/cycle）与应力强度因子范围 ΔK（MPa $\sqrt{m}$）的关系为 $\dfrac{da}{dN}=4\times10^{-12}(\Delta K)^3$，每一次起飞/降落形成一个应力循环且 $\Delta\sigma=1000$ MPa，试估计轮盘的寿命。

8-8　外半径为 30 mm、内半径为 15 mm 的枪筒由 NiCrMoV 钢制造，射击时在枪筒内产生的压力为 $p=320$ MPa，材料断裂韧度 $K_C=80$ MPa $\sqrt{m}$，疲劳裂纹扩展速率 $\dfrac{da}{dN}=3\times10^{-11}(\Delta K)^3$。现在发现枪筒内壁有一深为 2 mm 的半圆形表面裂纹，试估计其剩余使用次数（厚壁筒内表面半圆形裂纹深处的应力强度因子计算公式：$K=1.1215\times\dfrac{2}{\pi}p\sqrt{\pi a}$ $\left(\dfrac{2D^2}{D^2-d^2}\right)$，其中 d 和 D 分别为枪筒的内径和外径）。

第9章 裂纹闭合理论与高载迟滞效应

　　线弹性断裂力学采用应力强度因子描述裂纹尖端场,裂纹尖端附近的应力具有奇异性。当考察点到裂纹尖端的距离趋近于零时,无论应力强度因子多大,裂纹尖端的应力都趋于无穷大。那么,为什么会有疲劳裂纹扩展的应力强度因子范围门槛值存在?尽管疲劳裂纹扩展的主要控制参量是应力强度因子范围,但是不同应力比下的疲劳裂纹扩展规律是不同的。如何解释应力比对疲劳裂纹扩展速率的影响?是否有比应力强度因子范围更本质的疲劳裂纹扩展控制参量?施加变幅载荷时,从高载荷到低载荷或从低载荷到高载荷,对疲劳裂纹扩展会带来怎样的影响?如何解释、预测载荷作用次序对疲劳裂纹扩展速率的影响?

　　本章所要讨论的裂纹闭合理论和高载迟滞效应,将会对这些问题给出合理的解释。

9.1　循环载荷作用下裂纹尖端的弹塑性应力-应变响应

　　由于应力集中,即使作用在材料或结构上的名义应力比较小,在裂纹尖端的局部应力水平也会比较高。因此在循环载荷作用下,裂纹尖端的应力-应变响应是非常复杂的。

9.1.1　循环载荷作用下材料的反向屈服

　　为了便于后面的分析,这里先简单讨论一下材料在循环载荷作用下的弹塑性应力-应变响应。如果对材料施加简单的拉伸载荷,当应力水平较低时,应力-应变响应就表现出线弹性关系。当应力达到屈服极限(即 $\sigma=\sigma_s$)时,材料进入屈服。在屈服后的某一点开始卸载并反向加载,拉伸弹性变形将回复甚至发生压缩变形,应力-应变曲线将沿与加载时的线弹性段平行的路径返回,直到材料发生反向屈服。如果在反向屈服后的某一点再次开始加载,压缩弹性变形将回复甚至再次发生拉伸变形,应力-应变曲线仍将沿与初次加载时的线弹性段平行的路径上升,直到材料再次进入屈服。

　　图 9.1 给出了理想弹塑性材料和幂强化材料在以上循环加卸载过程中的应力-应变响应。很明显,无论理想弹塑性材料还是幂强化材料,由载荷反向而引起反向屈服的应力增量均为 $2\sigma_s$。因此,可以认为材料反向加载至屈服,会形成反向塑性流动,而且使材料发生反向屈服的应力增量为 $\Delta\sigma=2\sigma_s$。

9.1.2　塑性叠加方法

　　针对循环载荷作用下的线弹性理想塑性材料,Rice 于 1967 年在比例塑性流动(即塑

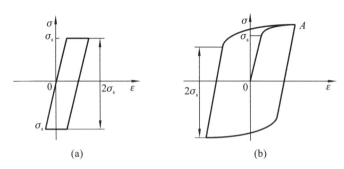

图 9.1　循环加载与反向屈服
(a)理想弹塑性材料；(b)幂强化材料

性应变张量各分量相互之间保持一个恒定的比例)假设的前提下，提出了分析裂纹尖端弹塑性应力-应变响应的"塑性叠加法"。

假定某裂纹体，如无限大中心裂纹板，先承受载荷 σ 的作用，然后卸载 $\Delta\sigma$，则载荷成为 $\sigma-\Delta\sigma$。当第一次施加载荷到达 σ 时，可以按单调加载情况根据式(7-4)给出裂纹尖端的塑性区尺寸 ω_{M}：

$$\omega_{\mathrm{M}}=2r_{\mathrm{p}}=\frac{1}{\alpha\pi}\left(\frac{K}{\sigma_{\mathrm{s}}}\right)^2=\frac{f^2a}{\alpha}\left(\frac{\sigma}{\sigma_{\mathrm{s}}}\right)^2 \tag{9-1}$$

式中，应力强度因子 $K=f\sigma\sqrt{\pi a}$；f 是裂纹尺寸和裂纹体几何的函数。而且，在裂纹尖端附近的裂纹延长线上，如图 9.2(a)所示，有如下的应力分布：

$$\sigma_{\mathrm{y}}=\begin{cases}\sigma_{\mathrm{s}} & 0\leqslant x\leqslant\omega_{\mathrm{M}}\\ \dfrac{K}{\sqrt{2\pi\left(x-\dfrac{\omega_{\mathrm{M}}}{2}\right)}} & x>\omega_{\mathrm{M}}\end{cases} \tag{9-2}$$

当卸载(或反向加载)$\Delta\sigma$ 时，裂纹尖端附近的屈服区会受到周围材料弹性回复的挤压，发生反向塑性流动，并形成反向塑性区。利用发生反向屈服的应力增量条件 $\Delta\sigma=2\sigma_{\mathrm{s}}$，根据式(7-4)可以给出反向塑性区尺寸 ω_{C}：

$$\omega_{\mathrm{C}}=\frac{f^2a}{\alpha}\left(\frac{\Delta\sigma}{2\sigma_{\mathrm{s}}}\right)^2 \tag{9-3}$$

可以看出，反向塑性区尺寸 ω_{C} 可以采用与单调塑性区尺寸 ω_{M} 类似的方法计算，只是要用 $\Delta\sigma$ 代替 σ、用 $2\sigma_{\mathrm{s}}$ 代替 σ_{s}。反向塑性区也称为循环塑性区，如图 9.2(b)所示。

反向加载 $\Delta\sigma$ 时，在裂纹尖端前沿裂纹延长线上的应力分布为

$$\sigma_{\mathrm{y}}=\begin{cases}2\sigma_{\mathrm{s}} & 0\leqslant x\leqslant\omega_{\mathrm{C}}\\ \dfrac{K}{\sqrt{2\pi\left(x-\dfrac{\omega_{\mathrm{C}}}{2}\right)}} & x>\omega_{\mathrm{C}}\end{cases} \tag{9-4}$$

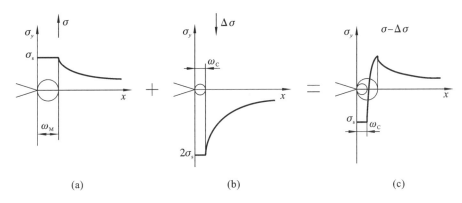

图 9.2 循环载荷下裂纹尖端的应力分布

将加载到 σ 时在裂纹尖端附近裂纹延长线上的应力,与卸载 $\Delta\sigma$ 时的应力叠加,就可以得到加载 σ 后再卸载 $\Delta\sigma$ 时在裂纹尖端附近裂纹延长线上的应力分布,如图 9.2(c)所示。这就是 Rice 提出的"塑性叠加法"。

因此,加载 σ 后再卸载 $\Delta\sigma$ 时在裂纹尖端附近裂纹延长线上的应力分布为

$$\sigma_y = \begin{cases} -\sigma_s & 0 \leqslant x \leqslant \omega_C \\[2mm] \sigma_s - \dfrac{K}{\sqrt{2\pi\left(x - \dfrac{\omega_C}{2}\right)}} & \omega_C < x \leqslant \omega_M \\[4mm] \dfrac{K}{\sqrt{2\pi\left(x - \dfrac{\omega_M}{2}\right)}} - \dfrac{K}{\sqrt{2\pi\left(x - \dfrac{\omega_C}{2}\right)}} & x > \omega_M \end{cases} \tag{9-5}$$

若再继续施加反向载荷 $\Delta\sigma$,回到应力 σ,同样可以应用上述叠加法,并得到图 9.2(a)所示的结果。可见,如果载荷在由 σ 到 $\sigma-\Delta\sigma$ 再到 σ 之间进行循环,则裂纹尖端的塑性区尺寸就会在 $\omega_M - \omega_C - \omega_M$ 之间变化。

由上述分析可知:

(1) 材料反向加载至屈服,会形成反向塑性流动,发生反向屈服的应力增量为 $\Delta\sigma = 2\sigma_s$;

(2) 卸载(或反向加载)将在裂纹尖端附近引起反向屈服,形成反向(循环)塑性区 ω_C;

(3) 当应力比 $R=0$ 时,应力范围满足 $\Delta\sigma=\sigma$,比较式(9-1)和式(9-3)可知,$\omega_C = \dfrac{\omega_M}{4}$,而当应力比 $R=-1$ 时,应力范围满足 $\Delta\sigma=2\sigma$,类似地可得出 $\omega_C = \omega_M$;

(4) 卸载后再加载,应力仍可利用塑性叠加法计算。

应该指出,Rice 提出的塑性叠加法是以线弹性理想塑性材料和比例流动加载为前提条件的。因此,它的应用必须受到这两个条件的限制。不过,Rice 指出:尽管平面应变屈

服的可压缩性影响，以及从材料内部的面内变形到近表面平面应力条件下的剪切带转变，都违反比例流动的假设，但它们的影响并不大，一直到反向塑性区尺寸等于单调塑性区尺寸（$\omega_C = \omega_M$）时，塑性叠加法都还是基本可用的。试验中，人们采用显微硬度法测量裂纹尖端附近塑性区的尺寸，给上述结论提供了支持。

9.2　裂纹闭合理论

9.2.1　闭合现象

线弹性断裂力学通常将裂纹视为理想裂纹，即当远场应力 $\sigma > 0$ 时，裂纹面张开；而当 $\sigma < 0$ 时，裂纹面闭合。然而，工程中的实际裂纹，一般都是在疲劳载荷作用下发生和发展的。在循环载荷作用下，裂纹尖端不仅有正向加载时形成的单调塑性区，而且有反向加载时形成的循环塑性区。

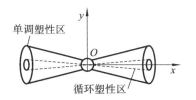

图 9.3　裂纹尖端的塑性变形区包迹示意图

裂纹在启裂和扩展的过程中，将在裂纹面附近留下如图 9.3 所示的塑性变形区包迹。在这一包迹内的材料，由于塑性变形，在加载时会沿加载方向产生不可回复的拉伸变形。而在卸载时，包迹外材料的弹性变形要回复，而包迹内材料发生的塑性变形却不能协调地回复。因此，上下裂纹面在完全卸载前就将发生相互接触，即裂纹闭合或者部分闭合，以满足变形协调。这种在完全卸载之前，裂纹上下表面发生相互接触的现象，称为裂纹闭合（crack closure）。

9.2.2　闭合理论

裂纹闭合现象是 Elber 于 1971 年在薄板试件的拉-拉疲劳裂纹扩展试验中首先观察到的。他发现加载时，只有当应力大于某一应力水平时，裂纹才会完全张开，这一应力称为张开应力，记作 σ_{op}；而卸载时，只有当应力小于某一应力水平时，裂纹才开始闭合，这一应力称为闭合应力，记作 σ_{cl}。一般来说，张开应力 σ_{op} 和闭合应力 σ_{cl} 的大小基本相同，如图 9.4 所示。因为裂纹只有在完全张开之后才能扩展，所以应力循环中只有 $\sigma_{max} - \sigma_{op}$ 部分对疲劳裂纹扩展有贡献。在观察上述试验的基础上，Elber 提出了裂纹闭合理论。

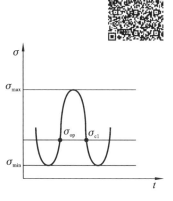

图 9.4　闭合应力

将应力循环中,最大应力与张开应力之差,称为有效应力范围,记作 $\Delta\sigma_{\text{eff}}$,即有

$$\Delta\sigma_{\text{eff}} = \sigma_{\max} - \sigma_{\text{op}} \tag{9-6}$$

相应的有效应力强度因子范围定义为

$$\Delta K_{\text{eff}} = f(a)\Delta\sigma_{\text{eff}}\sqrt{\pi a} \tag{9-7}$$

疲劳裂纹扩展速率 $\dfrac{\mathrm{d}a}{\mathrm{d}N}$ 应由有效应力强度因子范围 ΔK_{eff} 来控制,因此 Paris 公式可以修改为

$$\frac{\mathrm{d}a}{\mathrm{d}N} = C(\Delta K_{\text{eff}})^m \tag{9-8}$$

引入裂纹闭合参数 U,表示有效应力范围 $\Delta\sigma_{\text{eff}}$ 与应力范围 $\Delta\sigma$ 之比,或者有效应力强度因子范围 ΔK_{eff} 与应力强度因子范围 ΔK 之比,即

$$U = \frac{\Delta\sigma_{\text{eff}}}{\Delta\sigma} = \frac{\Delta K_{\text{eff}}}{\Delta K} \tag{9-9}$$

代入式(9-8)可得

$$\frac{\mathrm{d}a}{\mathrm{d}N} = U^m C(\Delta K)^m \tag{9-10}$$

试验发现,裂纹闭合参数 U 与应力比 R 有关。例如,对于 2024-T3 铝合金,有

$$U = 0.5 + 0.4R \tag{9-11}$$

利用裂纹闭合理论给出的式(9-8)和式(9-11),采用有效应力强度因子范围 ΔK_{eff} 描述疲劳裂纹扩展速率 $\dfrac{\mathrm{d}a}{\mathrm{d}N}$,可使不同应力比 R 下的 $\dfrac{\mathrm{d}a}{\mathrm{d}N}$-$\Delta K$ 曲线趋于一致。图 9.5 给出的是 Schijve 获得的 2024-T3 铝合金板材疲劳裂纹扩展试验的研究结果。比较图 9.5(a)和图 9.5(b)可以发现,与应力强度因子范围 ΔK 相比,有效应力强度因子范围 ΔK_{eff} 是控制裂纹扩展更本质的参量。

9.2.3　闭合应力的试验测定

测定裂纹闭合应力的方法很多,如电阻法、光学法、电位法和超声表面波法等。但最可靠、应用最广的还是利用裂纹张开位移测量闭合应力的 COD(crack opening displacement)法。

在中心穿透裂纹宽板中,对于紧靠裂纹面的 A、B 两点,裂纹张开位移可以表达为

$$[\text{COD}]_{AB} = \alpha\sigma \tag{9-12}$$

式中,$\alpha = \dfrac{4a}{E'}$,a 是裂纹尺寸;在平面应力情况下,$E' = E$;平面应变时,$E' = \dfrac{E}{(1-\nu)^2}$。

式(9-12)表明,A、B 两点间的裂纹张开位移 $[\text{COD}]_{AB}$ 与施加的应力 σ 和裂纹长度 a 成正比。如果采用带锯缝的板模拟理想裂纹板,测量 COD,就可以验证 σ-COD 之间的线

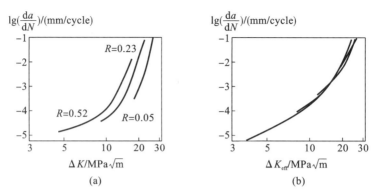

图 9.5　2024-T3 铝合金板材的疲劳裂纹扩展速率

(a) $\dfrac{da}{dN}$-ΔK 曲线；(b) $\dfrac{da}{dN}$-ΔK_{eff}曲线

性关系。锯缝越长，则 σ-COD 直线斜率 $\dfrac{E'}{4a}$ 越小，板的刚度越低；锯缝越短，则斜率 $\dfrac{E'}{4a}$ 越大，板的刚度也越大。如图 9.6 所示。为了比较，图中还给出了一含裂纹板的 σ-COD 曲线。

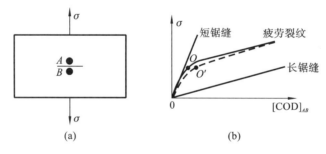

图 9.6　σ-COD 曲线

（a）带锯缝的板；（b）σ-COD 曲线比较

　　从图 9.6 中可以看出，疲劳裂纹的 σ-COD 曲线包含线性和非线性两部分。在 O 点以下，σ-COD曲线是非线性的，随着应力 σ 增大，σ-COD 曲线的斜率 $\dfrac{E'}{4a}$ 逐渐下降，好像是裂纹尺寸 a 在逐渐加大。然而实际上，在一次循环加载中，裂纹尺寸是不会改变的，曲线斜率 $\dfrac{E'}{4a}$ 下降是原本闭合着的裂纹逐渐张开带来的结果。在 O 点以上，σ-COD 曲线是线性的，其斜率与同样长度锯缝的直线斜率相同，这表明此时裂纹已经完全张开。加载时，σ-COD 曲线线性和非线性段的转变处 O 点所对应的应力，就是裂纹张开应力 σ_{op}。只有当 $\sigma > \sigma_{\mathrm{op}}$ 时，裂纹才完全张开。卸载时，σ-COD 曲线线性和非线性段的转变处 O' 点所对应的应力，就是裂纹闭合应力 σ_{cl}。只要 $\sigma < \sigma_{\mathrm{cl}}$，裂纹就会开始闭合。尽管 σ_{op}、σ_{cl} 二者相差不大，但是

闭合应力 σ_{cl} 更稳定且更易于观察。

如果在 COD 测量中利用讯号 $\alpha\Delta\sigma$ 进行补偿,则式(9-12)可以表示为

$$[\mathrm{COD}]_{AB}-\alpha\Delta\sigma=\alpha(\sigma-\Delta\sigma) \tag{9-13}$$

这表明,只要裂纹是完全张开的,则用 $\alpha\Delta\sigma$ 补偿后所记录的$[\mathrm{COD}]_{AB}-\alpha\Delta\sigma$ 应当为一常量,在图中表现为一条垂线。如图 9.7 所示。而一旦裂纹开始闭合,$[\mathrm{COD}]_{AB}-\alpha\Delta\sigma$ 就将偏离垂线。这样的补偿记录,可以避免如图 9.6 所示中需分辨曲线到直线的过渡点位置而引入的人为误差,从而可以提高测量精度。

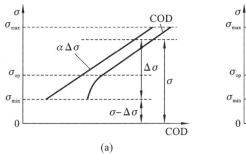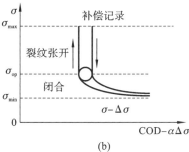

图 9.7　线性补偿法

(a)σ-COD 曲线;(b)线性补偿

9.2.4　对几个问题的解释

(1) 应力强度因子范围门槛值的存在。根据裂纹闭合理论,循环应力中只有大于张开应力 σ_{op} 的部分,对疲劳裂纹扩展才有贡献。如果最大循环应力 $\sigma_{max}\leqslant\sigma_{op}$,则裂纹不会扩展。因此,必定存在一个应力强度因子范围门槛值 ΔK_{th},与 σ_{op} 对应。

(2) 应力比对疲劳裂纹扩展速率的影响。试验发现,裂纹闭合参数 U 与应力比 R 有关,并且应力比 R 增大,裂纹闭合参数 U 随着增大,有效应力强度因子范围 ΔK_{eff} 也相应地增大,疲劳裂纹扩展速率 $\dfrac{da}{dN}$ 加快。因此,有效应力强度因子范围 ΔK_{eff} 是描述疲劳裂纹扩展更本质的参量。

(3) 载荷作用次序对疲劳裂纹扩展速率的影响。如图 9.8 所示为一典型的由低到高,再由高到低的变幅载荷谱。如果没有载荷作用次序的影响,则在各级载荷水平下的疲劳裂纹扩展速率都可以采用 Paris 公式描述。然而,20 世纪 60 年代以来,大量变幅载荷谱的试验研究表明,当循环载荷水平由低到高变化($\Delta\sigma_1\rightarrow\Delta\sigma_2$)时,在高载 $\Delta\sigma_2$ 下的疲劳裂纹扩展速率会高于按 Paris 公式估计的结果,从而表现出裂纹扩展加速的效应。反过来,当循环载荷水平由高到低变化($\Delta\sigma_2\rightarrow\Delta\sigma_1$)时,在低载 $\Delta\sigma_1$ 下的疲劳裂纹扩展速率又将低于按 Paris 公式估计的结果,从而表现出裂纹扩展迟滞的效应。一般来说,疲劳裂纹扩展

加速或迟滞的现象,都会保持一段时间之后才消失。

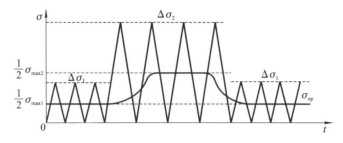

图 9.8　谱载荷及其张开应力水平

考虑到裂纹闭合现象的存在,如果裂纹闭合参数按式(9-11)描述,则对于图 9.8 中 $R=0$ 的情况,有 $U=\dfrac{\sigma_{op}}{\sigma_{max}}=0.5$,因此图中各级载荷下的裂纹张开应力均为最大应力的一半。张开应力是裂纹尖端对外部载荷作用的一种物理响应,当外部载荷发生变化时,张开应力的改变必然是一个连续渐变的过程。张开应力 σ_{op} 的变化如图 9.8 所示。可以看出,当应力水平从 $\Delta\sigma_1$ 增至 $\Delta\sigma_2$ 时,张开应力 σ_{op} 从 $\dfrac{1}{2}\sigma_{max1}$ 逐渐增至 $\dfrac{1}{2}\sigma_{max2}$,然后才稳定在 $\dfrac{1}{2}\sigma_{max2}$。控制疲劳裂纹扩展速率的有效应力范围 $\Delta\sigma_{eff}=\sigma_{max}-\sigma_{op}$ 在突然增大之后又逐渐减小,回到正常值。而与此同时,疲劳裂纹扩展速率 $\dfrac{da}{dN}$ 出现了在加速扩展之后又逐渐恢复正常的现象。类似地,当应力水平从 $\Delta\sigma_2$ 降至 $\Delta\sigma_1$ 时,σ_{op} 从 $\dfrac{1}{2}\sigma_{max2}$ 逐渐降至 $\dfrac{1}{2}\sigma_{max1}$,有效应力范围 $\Delta\sigma_{eff}$ 在突然减小之后再逐渐恢复到正常值,故疲劳裂纹扩展速率 $\dfrac{da}{dN}$ 出现迟滞现象。因此,利用裂纹闭合理论,可以对变幅载荷作用下疲劳裂纹扩展的加速和迟滞现象做出合理的解释。

9.3　高载迟滞效应

在变幅载荷谱作用下疲劳裂纹扩展的加速或迟滞效应对寿命带来的影响是完全相反的。加速会缩短寿命,迟滞会延长寿命。因此,在工程上迟滞效应更受重视。人们希望利用迟滞效应控制疲劳裂纹扩展,延长结构寿命。

9.3.1　高载迟滞现象与机理

1962 年,Schijve 和 Brock 研究了 2024-T3 铝合金在高载作用后的疲劳裂纹扩展,按图 9.9(b)所示的载荷谱施加载荷,得到了如图 9.9(a)所示的

a-N 曲线。他们发现,在恒幅载荷 $\Delta\sigma$ 作用下,每插入一次高载,疲劳裂纹扩展速率(即 a-N 曲线的斜率)就立即降低,直到回到恒幅载荷 $\Delta\sigma$,再经历足够多的循环之后,疲劳裂纹扩展速率才恢复到原来的水平。此时,如果再施加一次高载,又会发生同样的情况。在总共施加三次高载之后,疲劳裂纹扩展的寿命几乎延长了四倍。

这种在拉伸高载作用后的低载循环中,发生的疲劳裂纹扩展速率减缓的现象,称为高载迟滞(retardation after application of overload)。高载的施加,可使后续低载循环中的疲劳裂纹扩展速率明显下降,甚至止裂。

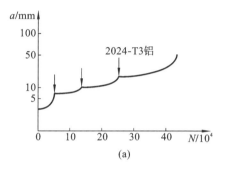 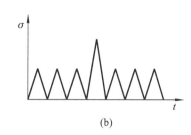

图 9.9　高载迟滞现象

(a)a-N 曲线;(b)载荷谱

高载迟滞有两种最常见的形式:立即迟滞和延迟迟滞。如图 9.10 所示。立即迟滞(immediate retardation)是指在高载作用后的低载循环中,疲劳裂纹扩展速率立即降至最小值,然后逐渐增大,直至恢复正常水平。立即迟滞通常是在由高到低的载荷谱块作用之后发生的,或者说是在经历多次高载作用之后发生的。延迟迟滞(delayed retardation)是指在高载作用后,疲劳裂纹扩展速率下降,但并不立即降至

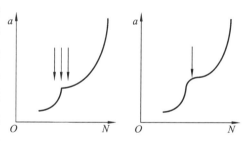

图 9.10　迟滞的常见形式

(a)立即迟滞;(b)延迟迟滞

最小值,直到裂纹扩展了一段之后,才达到最小值,然后再逐渐恢复。延迟迟滞通常是在单个或少数的几个高载作用之后发生的。

高载迟滞现象发生的机理,主要有基于残余应力和基于裂纹闭合的两种解释。

从残余应力的角度来看,拉伸高载作用将在裂纹尖端附近引入较大的残余压应力。残余压应力的存在,会降低裂纹尖端的实际循环应力水平,其拉伸部分所占比重和应力比都会相应降低,因此疲劳裂纹扩展速率下降。

从裂纹闭合的角度来看,高载引入的残余压应力会使裂纹张开应力增大,从而导致有

效应力范围和有效应力强度因子范围降低，疲劳裂纹扩展速率也相应下降。

9.3.2　Wheeler 模型

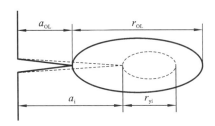

图 9.11　Wheeler 模型示意图

1971 年出现的 Wheeler 模型可以描述迟滞发生期间疲劳裂纹的扩展行为。Wheeler 模型认为：迟滞现象之所以发生，是因为高载 σ_{OL} 在裂纹尖端引入了一个尺寸为 r_{OL} 的大塑性区，如图 9.11 所示。此后在低载作用下，裂纹在该塑性区内扩展。如果裂纹尺寸为 a_i，并且在低载作用下裂纹尖端的塑性区尺寸为 r_{yi}，则由式（9-1）分别有

$$r_{OL} = \frac{1}{\alpha\pi}\left(\frac{K_{OL}}{\sigma_s}\right)^2 \tag{9-14}$$

$$r_{yi} = \frac{1}{\alpha\pi}\left(\frac{K_{\max}}{\sigma_s}\right)^2 \tag{9-15}$$

在高载塑性区内，残余应力将使疲劳裂纹扩展速率下降。迟滞的疲劳裂纹扩展速率 $\left(\dfrac{\mathrm{d}a}{\mathrm{d}N}\right)_d$ 与未迟滞的疲劳裂纹扩展速率 $\left(\dfrac{\mathrm{d}a}{\mathrm{d}N}\right)_c$ 满足如下关系：

$$\left(\frac{\mathrm{d}a}{\mathrm{d}N}\right)_d = C_i \left(\frac{\mathrm{d}a}{\mathrm{d}N}\right)_c \tag{9-16}$$

式中，C_i 是迟滞参数，可以用下式表达：

$$C_i = \left(\frac{r_{yi}}{a_{OL} + r_{OL} - a_i}\right)^{m'} \tag{9-17}$$

这里，指数 $m' \geqslant 0$，可以根据试验确定，其与材料、载荷谱有关。如果 $m' = 0$，则 $C_i = 1$，模型将退化为非迟滞模型。

根据式（9-17），当 $a_i = a_{OL}$ 时，即载荷刚刚由高载转变为低载，$C_i = \left(\dfrac{r_{yi}}{r_{OL}}\right)^{m'}$ 取得最小值。根据式（9-16），此时迟滞的疲劳裂纹扩展速率 $\left(\dfrac{\mathrm{d}a}{\mathrm{d}N}\right)_d$ 也最小，因此属于立即迟滞。此后，随着低载循环的持续作用，C_i 单调增加，迟滞的疲劳裂纹扩展速率 $\left(\dfrac{\mathrm{d}a}{\mathrm{d}N}\right)_d$ 也逐渐恢复。不过，一旦发展到低载塑性区与高载塑性区边界重合，即满足 $a_i + r_{yi} = a_{OL} + r_{OL}$，根据式（9-17）将有 $C_i = 1$，则迟滞就会立即消失。

Wheeler 模型的优点是简单，便于应用。但是，由于迟滞参数 C_i 大于零且单调增加，根据式（9-16），迟滞的疲劳裂纹扩展速率也是单调上升的，因此 Wheeler 模型不能解释延迟迟滞和止裂现象。这是该模型的局限性。

9.3.3　Willenberg 模型

以 Wheeler 模型为基础,考虑高载引入的残余压应力,Willenberg 提出了一个预测裂纹扩展迟滞的模型。他认为,迟滞现象之所以产生,是因为高载在裂纹尖端附近引起比较大的塑性变形和残余压应力。

根据 Wheeler 模型,如果设 $a_P = a_{OL} + r_{OL}$,则当 $a_i + r_{yi} < a_P$ 时,裂纹在高载塑性区内扩展,有迟滞现象发生。若要迟滞现象消失,则需要满足 $r_{yi} = r_{req}$,如图 9.12 所示,从而使得

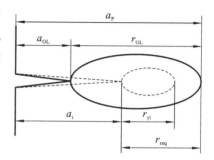

图 9.12　Willenberg 模型示意图

$$a_i + r_{req} = a_{OL} + r_{OL} \qquad (9\text{-}18)$$

因此,

$$
\begin{aligned}
a_P &= a_i + r_{req} \\
&= a_i + \frac{1}{\alpha\pi}\left(\frac{K_{req}}{\sigma_s}\right)^2 \\
&= a_i + \frac{1}{\alpha\pi}\left(\frac{f\sigma_{req}\sqrt{\pi a_i}}{\sigma_s}\right)^2
\end{aligned}
$$

不发生迟滞所需的最大循环应力为

$$\sigma_{req} = \frac{\sigma_s}{f}\sqrt{\frac{\alpha(a_P - a_i)}{a_i}} \qquad (9\text{-}19)$$

裂纹尺寸为 a_i,有迟滞现象发生,这是因为高载在裂纹尖端附近引入了残余应力,使得 $\sigma_{max} < \sigma_{req}$。假定残余应力 σ_{res} 为不发生迟滞所需的最大循环应力 σ_{req} 与最大循环应力 σ_{max} 之差,即

$$\sigma_{res} = \sigma_{req} - \sigma_{max} \qquad (9\text{-}20)$$

则裂纹尖端的实际循环应力为

$$(\sigma_{max})_{eff} = \sigma_{max} - \sigma_{res} = 2\sigma_{max} - \sigma_{req} \qquad (9\text{-}21)$$

$$(\sigma_{min})_{eff} = \sigma_{min} - \sigma_{res} = \sigma_{max} + \sigma_{min} - \sigma_{req} \qquad (9\text{-}22)$$

因为循环压应力部分对裂纹扩展无贡献,所以如果 $(\sigma_{max})_{eff}$、$(\sigma_{min})_{eff}$ 小于零,则取零。由此,实际循环应力比为

$$R_{eff} = \frac{(\sigma_{min})_{eff}}{(\sigma_{max})_{eff}} \qquad (9\text{-}23)$$

控制疲劳裂纹扩展的有效应力强度因子范围为

$$\Delta K_{eff} = f\left[(\sigma_{max})_{eff} - (\sigma_{min})_{eff}\right]\sqrt{\pi a_i} \qquad (9\text{-}24)$$

考虑应力比 R 的影响,根据式(8-12)的 Forman 公式,迟滞期间的疲劳裂纹扩展速

率为

$$\left(\frac{\mathrm{d}a}{\mathrm{d}N}\right)_{\mathrm{d}} = \frac{C(\Delta K_{\mathrm{eff}})^m}{(1-R_{\mathrm{eff}})K_{\mathrm{C}}-\Delta K_{\mathrm{eff}}} \tag{9-25}$$

这样，由式(9-19)(9-20)得到残余应力 σ_{res} 后，即可估计迟滞期间的疲劳裂纹扩展速率，进而预测疲劳裂纹扩展寿命。

从 Willenberg 模型的分析中可以看到以下两点。

(1) 高载结束时，有 $a_{\mathrm{i}}=a_{\mathrm{OL}}$，此刻疲劳裂纹扩展速率最小。当 $\Delta K_{\mathrm{eff}}=0$ 或 $(\sigma_{\max})_{\mathrm{eff}}=0$ 或 $2\sigma_{\max}-\sigma_{\mathrm{req}}\leqslant 0$ 时，将发生止裂。

(2) 随着裂纹低载循环下的不断扩展，迟滞消失所需要的 σ_{req} 不断下降，$(\sigma_{\max})_{\mathrm{eff}}$、$(\sigma_{\min})_{\mathrm{eff}}$ 和 R_{eff} 逐渐增大，迟滞期间的疲劳裂纹扩展速率逐渐恢复，一直到 $a_{\mathrm{i}}+r_{\mathrm{yi}}=a_{\mathrm{P}}$，$\sigma_{\mathrm{req}}$ $=0$，迟滞消失。

Willenberg 模型也很简单，而且可以用计算机进行循环计算。模型不依赖试验参数，便于估算，但是预测精度较 Wheeler 模型会差一些。Willenberg 模型仍不能解释延迟迟滞现象，但是可用来解释止裂。

9.3.4　拉压高载作用次序对疲劳裂纹扩展的影响

拉伸高载在裂纹尖端形成大的拉伸塑性变形，卸载后留下大的残余压应力，使疲劳裂纹扩展速率降低。反之，若施加的是压缩高载，卸载后的残余拉应力必将对疲劳裂纹扩展产生不利的影响。

图 9.13 给出了几种不同的超载作用形式。图 9.14 是在这几种不同形式的超载作用下疲劳裂纹扩展的 a-N 曲线。粗实线是在无高载的恒幅载荷循环下的试验结果。在如图9.13(a)所示的拉伸高载 σ_{to} 作用后，迟滞最明显，疲劳寿命可增加 1～10 倍，甚至完全止裂。如果施加如图 9.13(b)所示先压后拉的高载（即 $\sigma_{\mathrm{co}}\rightarrow\sigma_{\mathrm{to}}$），迟滞效应则略有减小。如果高载为先拉后压（即 $\sigma_{\mathrm{to}}\rightarrow\sigma_{\mathrm{co}}$），如图 9.13(c)所示，则拉伸高载引入的残余压应力有很大一部分被随后的压缩高载消除，以致迟滞效应进一步减弱。而在如图 9.13(d)所示的压缩高载 σ_{co} 作用之后，高载引入的残余拉应力将使疲劳裂纹扩展加速。不过，加速的影响程度明显比迟滞要小得多。

小　　结

(1) 闭合现象是客观存在的。研究裂纹闭合理论有助于进一步认识疲劳裂纹扩展现象。

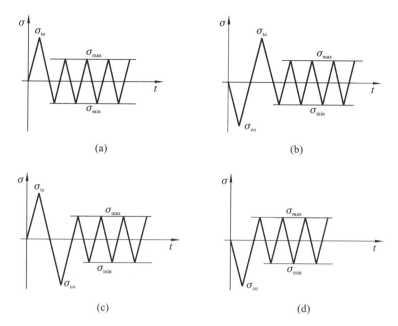

图 9.13　不同的超载谱型

(a)拉伸高载;(b)压拉高载;(c)拉压高载;(d)压缩高载

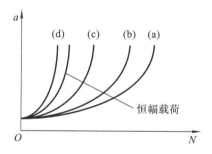

图 9.14　超载形式对疲劳裂纹扩展速率的影响

(2)闭合参数 U 或张开应力 σ_{op} 与应力比 R 有关。

(3)有效应力强度因子范围 ΔK_{eff} 是控制疲劳裂纹扩展更本质的参量。

(4)拉伸高载的作用,会使后续低载的疲劳裂纹扩展速率 $\dfrac{da}{dN}$ 下降,寿命延长。

(5)适当的拉伸预应变,可以延长疲劳裂纹扩展寿命。

(6)迟滞效应与高载及其作用形式或作用次序有关。

思考题与习题

9-1　什么是裂纹闭合?

9-2　试用闭合理论解释:(1)疲劳裂纹扩展的应力强度因子范围门槛值 ΔK_{th} 为什么存在;(2)应力比 R 对疲劳裂纹扩展速率 $\dfrac{\mathrm{d}a}{\mathrm{d}N}$ 的影响。

9-3　在疲劳试验中,如果误加一次大载荷,将对随后的疲劳裂纹扩展和总的疲劳寿命带来什么影响?

附录 A　几种常用的应力强度因子

A.1　均匀拉伸的中心裂纹板

应力强度因子：

$$K_{\mathrm{I}} = \sigma\sqrt{\pi a}\,g(\xi) \qquad\qquad (\text{A-1})$$

式中，$\xi = \dfrac{2a}{W}$，a 为裂纹半长，W 为板宽；σ 为远场应力。如图 A.1 所示。当取

$$g(\xi) = (1 - 0.25\xi^2 + 0.06\xi^4)\sqrt{\sec\left(\frac{\pi}{2}\xi\right)}$$

对于任何 ξ，误差为 0.1%；当取

$$g(\xi) = \frac{1 - 0.5\xi + 0.37\xi^2 - 0.044\xi^3}{\sqrt{1-\xi}}$$

对于任何 ξ，误差小于 0.3%。

特殊值：对于无限大板，$g(0) = 1$。

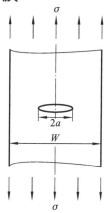

图 A.1　均匀拉伸的中心裂纹板

A.2　中心线上受集中力拉伸的中心裂纹板

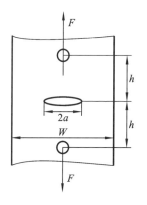

图 A.2　中心线上受集中力拉伸的
中心裂纹板

应力强度因子：

$$K_{\mathrm{I}} = \frac{F}{\sqrt{W}}g(\xi,\eta) \qquad\qquad (\text{A-2})$$

式中，$\xi = \dfrac{2a}{W}$，$\eta = \dfrac{2h}{W}$，a 为裂纹半长，h 为集中力作用点间距的一半，W 为板宽；F 是每单位厚度的力。如图 A.2 所示。

$$g(\xi,\eta) = g_1(\xi,\eta)g_2(\xi,\eta)g_3(\xi,\eta)$$

这里，

$$g_1(\xi,\eta) = 1 + \left[0.297 + 0.115(1 - \sinh\beta)\sin\frac{\alpha}{2}\right](1 - \cos\alpha)$$

$$g_2(\xi,\eta)=1-\nu'\frac{\beta\tanh\beta}{\dfrac{\cosh^2\beta}{\cos^2\alpha}-1}$$

$$g_3(\xi,\eta)=\frac{\sqrt{\tan\alpha}}{\sqrt{1-\dfrac{\cos^2\alpha}{\cosh^2\beta}}}$$

其中，$\alpha=\dfrac{\pi}{2}\xi$，$\beta=\dfrac{\pi}{2}\eta$。对于平面应力问题，$\nu'=\dfrac{1+\nu}{2}$；对于平面应变问题，$\nu'=\dfrac{1}{2(1-\nu)}$。

对于任意的 ξ 和 η，式（A-2）的误差小于 1%。

A.3　裂纹表面受一对法向集中力作用的中心裂纹问题

近法向力裂纹尖端应力强度因子：

$$K_{IA}=\frac{F}{\sqrt{\pi a}}\sqrt{\frac{a+x}{a-x}} \tag{A-3}$$

远法向力裂纹尖端应力强度因子：

$$K_{IB}=\frac{F}{\sqrt{\pi a}}\sqrt{\frac{a-x}{a+x}} \tag{A-4}$$

式中，a 为裂纹半长；x 为集中力作用点到裂纹中心的距离；F 是法向集中力。如图 A.3 所示。

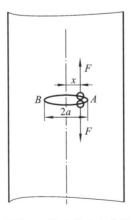

图 A.3　裂纹表面受一对法向集中力作用的中心裂纹问题

A.4   均匀拉伸的单边裂纹板

应力强度因子：
$$K_{\mathrm{I}}=\sigma\sqrt{\pi a}g(\xi) \qquad \text{(A-5)}$$

式中，$\xi=\dfrac{a}{W}$，a 为裂纹长度，W 为板宽；σ 为远场应力。

如图 A.4 所示。如果取

$\quad g(\xi)=1.12-0.231\xi+10.55\xi^2-21.72\xi^3+30.39\xi^4$

当 $\xi\leqslant0.6$ 时，误差为 0.5%。如果取

$\quad g(\xi)=0.265(1-\xi)^4+(0.857+0.265\xi)/(1-\xi)^{3/2}$

当 $\xi<0.2$ 时，误差为 1%；而当 $\xi\geqslant0.2$ 时，误差为 0.5%。

特殊值：对于无限大板，$g(0)=1.1215$。

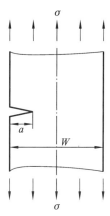

图 A.4   均匀拉伸的单边裂纹板

A.5   纯弯曲下的单边裂纹板

应力强度因子：
$$K_{\mathrm{I}}=\sigma\sqrt{\pi a}g(\xi) \qquad \text{(A-6)}$$

式中，$\xi=\dfrac{a}{W}$，a 为裂纹长度，W 为板宽；σ 为板边名义弯曲应力。如图 A.5 所示。如果取

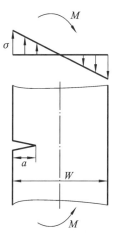

图 A.5   纯弯曲下的单边裂纹板

$$g(\xi)=1.122-1.40\xi+7.33\xi^2-13.08\xi^3+14.0\xi^4$$

当 $\xi\leqslant0.6$ 时，误差为 0.2%。如果取

$$g(\xi)=\frac{0.923+0.199(1-\sin\alpha)^4}{\cos\alpha}\sqrt{\frac{\tan\alpha}{\alpha}}$$

当 $0<\xi<1$ 时，误差为 0.5%。这里，$\alpha=\dfrac{\pi}{2}\xi$。

A.6　均匀拉伸的双边裂纹板

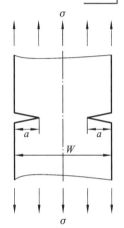

图 A.6　均匀拉伸的双边裂纹板

应力强度因子：

$$K_{\mathrm{I}}=\sigma\sqrt{\pi a}g(\xi) \tag{A-7}$$

式中，$\xi=\dfrac{2a}{W}$，a 为裂纹长度，W 为板宽；σ 为远场应力。

如图 A.6 所示。如果取

$$g(\xi)=\frac{1.122-0.561\xi-0.205\xi^2+0.471\xi^3-0.19\xi^4}{\sqrt{1-\xi}}$$

对于任何 ξ，误差为 0.5%；当取

$$g(\xi)=(1+0.122\cos^4\alpha)\sqrt{\frac{\tan\alpha}{\alpha}}$$

这里，$\alpha=\dfrac{\pi}{2}\xi$，对于任何 ξ，误差为 0.5%。

A.7　受均匀轴向拉伸的环形裂纹圆棒

应力强度因子：

$$K_{\mathrm{I}}=\frac{F}{\pi b^2}\sqrt{\pi b}g_1(\xi),K_{\mathrm{II}}=K_{\mathrm{III}}=0 \tag{A-8}$$

式中，$\xi=\dfrac{b}{R}$，b 为圆颈半径，R 为圆棒半径；F 是轴向拉力。如图 A.7 所示。

$$g_1(\xi)=\frac{1}{2}\left(1+\frac{1}{2}\xi+\frac{3}{8}\xi^2-0.363\xi^3+0.731\xi^4\right)\sqrt{1-\xi}$$

特殊值：

$$g_1(0)=\frac{1}{2},\lim_{\xi\to1}g_1(\xi)=1.1215\sqrt{1-\xi}$$

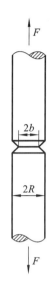

图 A.7 受均匀轴向拉伸的环形裂纹圆棒

A.8 受扭转的环形裂纹圆棒

应力强度因子:

$$K_{\mathrm{I}}=K_{\mathrm{II}}=0, K_{\mathrm{III}}=\frac{2T}{\pi b^3}\sqrt{\pi b}g_3(\xi) \qquad (A-9)$$

式中,$\xi=\dfrac{b}{R}$,b 为圆颈半径,R 为圆棒半径;T 是扭矩。如图 A.8 所示。

$$g_3(\xi)=\frac{3}{8}\left(1+\frac{1}{2}\xi+\frac{3}{8}\xi^2+\frac{5}{16}\xi^3+\frac{35}{128}\xi^4+0.208\xi^5\right)\sqrt{1-\xi}$$

特殊值:

$$g_3(0)=\frac{3}{8},\lim_{\xi\to 1}g_3(\xi)=\sqrt{1-\xi}$$

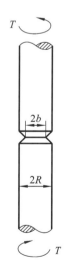

图 A.8 受扭转的环形
裂纹圆棒

附录 B 国内外相关的试验标准

B.1 国内标准

GB/T 10623—2008 金属材料 力学性能试验术语

GB/T 4086.1—1983 统计分布数值表 正态分布

GB/T 228.1—2010 金属材料 拉伸试验 第 1 部分:室温试验方法

GB/T 1172—1999 黑色金属硬度及强度换算值

GB/T 3075—2008 金属材料 疲劳试验 轴向力控制方法

GB/T 4337—2015 金属材料 疲劳试验 旋转弯曲方法

GB/T 12443—2017 金属材料 扭矩控制疲劳试验方法

GB/T 15248—2008 金属材料轴向等幅低循环疲劳试验方法

YB/T 5345—2006 金属材料滚动接触疲劳试验方法

GB/T 12347—2008 钢丝绳弯曲疲劳试验方法

GB/T 13682—1992 螺纹紧固件轴向载荷疲劳试验方法

GB/T 14229—1993 齿轮接触疲劳强度试验方法

GB/T 14230—1993 齿轮弯曲疲劳强度试验方法

GB/T 16947—2009 螺旋弹簧疲劳试验规范

GB/T 6398—2017 金属材料 疲劳试验 疲劳裂纹扩展方法

GB/T 4161—2007 金属材料 平面应变断裂韧度 K_{Ic} 试验方法

GB/T 7732—2008 金属材料 表面裂纹拉伸试样断裂韧度试验方法

GB/T 21143—2014 金属材料 准静态断裂韧度的统一试验方法

GB/T 15970.1—1995 金属和合金的腐蚀 应力腐蚀试验 第 1 部分:试验方法总则

B.2 国际标准

ASTM E456-13ae4 Standard Terminology Relating to Quality and Statistics

ASTM E8/E8M-16a Standard Test Methods for Tension Testing of Metallic Materials

ASTM E9-09 Standard Test Methods of Compression Testing of Metallic Materials at Room Temperature

ASTM E466-15 Standard Practice for Conducting Force Controlled Constant Amplitude Axial Fatigue Tests of Metallic Materials

ASTM E606/E606M-12 Standard Test Method for Strain-Controlled Fatigue Testing

ASTM E1049-85(2017) Standard Practices for Cycle Counting in Fatigue Analysis

ASTM E739-10(2015) Standard Practice for Statistical Analysis of Linear or Linearized Stress-Life (S-N) and Strain-Life (ε-N) Fatigue Data

ASTM E1942-98(2010) e1 Standard Guide for Evaluating Data Acquisition Systems Used in Cyclic Fatigue and Fracture Mechanics Testing

ASTM E647-15e1 Standard Test Method for Measurement of Fatigue Crack Growth Rates

ASTM E1457-15 Standard Test Method for Measurement of Creep Crack Growth Times in Metals

ASTM E399-17 Standard Test Method for Linear-Elastic Plane-Strain Fracture Toughness K_{IC} of Metallic Materials

ASTM E2818-11 Standard Practice for Determination of Quasistatic Fracture Toughness of Welds

ASTM E1820-17a Standard Test Method for Measurement of Fracture Toughness

ASTM E1290-08 Standard Test Method for Crack-Tip Opening Displacement (CTOD) Fracture Toughness Measurement

ASTM E1823-13 Standard Terminology Relating to Fatigue and Fracture Testing

ASTM E561-15a Standard Test Method for KR Curve Determination

ASTM E740/E740M-03(2016) Standard Practice for Fracture Testing with Surface-Crack Tension Specimens

ASTM E1922-04(2015) Standard Test Method for Translaminar Fracture Toughness of Laminated and Pultruded Polymer Matrix Composite Materials

ASTM E604-15 Standard Test Method for Dynamic Tear Testing of Metallic Materials

ASTM E139-11 Standard Test Methods for Conducting Creep, Creep-Rupture, and Stress-Rupture Tests of Metallic Materials

ASTM E1221-12a Standard Test Method for Determining Plane-Strain Crack-Arrest Fracture Toughness, K_{Ia}, of Ferritic Steels

ASTM E1304-97(2014) Standard Test Method for Plane-Strain (Chevron-Notch) Fracture Toughness of Metallic Materials

ASTM E1681-03（2013）Standard Test Method for Determining Threshold Stress Intensity Factor for Environment-Assisted Cracking of Metallic Materials

ASTM E2789-10（2015）Standard Guide for Fretting Fatigue Testing

ASTM E2368-10（2017）Standard Practice for Strain Controlled Thermomechanical Fatigue Testing

参 考 文 献

[1]　陈传尧.疲劳与断裂[M].武汉:华中科技大学出版社,2002.

[2]　陈传尧,高大兴.疲劳断裂基础[M].武汉:华中理工大学出版社,1991.

[3]　Bathias Claude,Pineaù André.材料与结构的疲劳[M].吴圣川,李源,王清远,译.北京:国防工业出版社,2016.

[4]　Suresh Subra.材料的疲劳[M].王光中,译.北京:国防工业出版社,1993.

[5]　高镇同.疲劳应用统计学[M].北京:国防工业出版社,1986.

[6]　林吉中,刘淑华.金属材料的断裂与疲劳[M].北京:中国铁道出版社,1989.

[7]　熊峻江.疲劳断裂可靠性工程学[M].北京:国防工业出版社,2008.

[8]　Radaj Dieter.焊接结构疲劳强度[M].郑朝云,张式程,译.北京:机械工业出版社,1994.

[9]　臧启山,姚戈.工程断裂力学简明教程[M].合肥:中国科学技术大学出版社,2014.

[10]　郦正能,张纪奎.工程断裂力学[M].北京:北京航空航天大学出版社,2012.

[11]　张晓敏,严波,万铃.断裂力学[M].北京:清华大学出版社,2012.

[12]　王自强,陈少华.高等断裂力学[M].北京:科学出版社,2009.

[13]　陈靳,赵树山.断裂力学[M].北京:科学出版社,2006.

[14]　李庆芬.断裂力学及其工程应用[M].哈尔滨:哈尔滨工业大学出版社,1998.

与本书配套的二维码资源使用说明

　　本书部分课程资源以二维码的形式在书中呈现,读者第一次利用智能手机在微信下扫码成功后提示微信登录,授权后进入注册页面,填写注册信息。按照提示输入手机号后点击获取手机验证码,稍等片刻收到 4 位数的验证码短信,在提示位置输入验证码成功后,设置密码,选择相应专业,点击"立即注册",注册成功。(若手机已经注册,则在"注册"页面底部选择"已有账号?绑定账号",进入"账号绑定"页面,直接输入手机号和密码登录。)接着提示输入学习码,需刮开教材封底防伪涂层,输入 13 位学习码(正版图书拥有的一次性使用学习码),输入正确后提示绑定成功,即可查看二维码数字资源。手机第一次登录查看资源成功后,以后在微信端扫码可直接微信登录进入查看。